Wolfgang Häger | Dirk Bauermeister

3D–CAD mit Inventor 2011

T0240069

Pro/ENGINEER Wildfire 4.0 für Einsteiger – kurz und bündig
von S. Clement und K. Kittel/herausgegeben von S. Vajna

Pro/ENGINEER Wildfire 5.0 für Fortgeschrittene – kurz und bündig
von S. Clement und K. Kittel/herausgegeben von S. Vajna

SolidWorks
von U. Emmerich

CAD-Praktikum mit NX5/NX6
von G. Engelken und W. Wagner

3D-CAD mit Inventor 2010
von W. Häger und D. Bauermeister

CATIA V5 – kurz und bündig
von S. Hartmann/herausgegeben von S. Vajna

UNIGRAPHICS NX 7.5 – kurz und bündig
von G. Klette und M. Nulsch/herausgegeben von S. Vajna

ProENGINEER-Praktikum
herausgegeben von P. Köhler

CATIA V5 – Grundkurs für Maschinenbauer
von R. List

SolidEdge – kurz und bündig
von M. Schabacker/herausgegeben von S. Vajna

SolidWorks – kurz und bündig
von M. Schabacker/herausgegeben von S. Vajna

www.viewegteubner.de

Wolfgang Häger | Dirk Bauermeister

3D-CAD
mit Inventor 2011

Tutorial mit durchgängigem Projektbeispiel

STUDIUM

**VIEWEG+
TEUBNER**

Bibliografische Information der Deutschen Nationalbibliothek
Die Deutsche Nationalbibliothek verzeichnet diese Publikation in der
Deutschen Nationalbibliografie; detaillierte bibliografische Daten sind im Internet über
<http://dnb.d-nb.de> abrufbar.

1. Auflage 2011

Alle Rechte vorbehalten
© Vieweg+Teubner Verlag | Springer Fachmedien Wiesbaden GmbH 2011

Lektorat: Thomas Zipsner | Imke Zander

Vieweg+Teubner Verlag ist eine Marke von Springer Fachmedien.
Springer Fachmedien ist Teil der Fachverlagsgruppe Springer Science+Business Media.
www.viewegteubner.de

Umschlaggestaltung: KünkelLopka Medienentwicklung, Heidelberg
Technische Redaktion: Stefan Kreickenbaum, Wiesbaden
Druck und buchbinderische Verarbeitung: AZ Druck und Datentechnik GmbH, Berlin
Gedruckt auf säurefreiem und chlorfrei gebleichtem Papier.
Printed in Germany

ISBN 978-3-8348-1626-9

Vorwort

Dieses Lehrbuch richtet sich an Anwender, Auszubildende, Schüler und Studenten, die anhand eines Praxisbeispiels einen Einblick in die Möglichkeiten des 3D-CAD Systems Inventor 2011 erhalten und Vorgehensweisen beim Arbeiten mit diesem System erlernen möchten.

Wir wollen und können nicht die gesamte Funktionalität der Software in diesem Lehrbuch abbilden, sondern eine anschauliche Einführung geben, auf deren Basis dem Interessierten ein eigenständiges Weiterarbeiten möglich ist.

Dabei haben wir bewusst eine sehr handlungsorientierte Vorgehensweise gewählt, die es ermöglicht, den Handlungsablauf für die Erzeugung des Gesamtprojektes Schritt für Schritt nachzuvollziehen.

Weiterführende Hinweise finden sich im zweiten Teil des Tutorials, im ersten Teil wird darauf jeweils Bezug genommen.

Wir haben neben der reinen 3D-Modellierung, der Erzeugung von Baugruppen und Zeichnungsableitungen auch weitere Anwendungsmöglichkeiten, wie die Gestaltung von Präsentationen und Animationen – mit dem Inventor Studio – einfließen lassen, da dieser Bereich gerade für Entwicklung und Vermarktung eine zunehmende Rolle spielt.

In einem weiteren Teil gehen wir auf die Möglichkeit der Parametersteuerung über Tabellen ein und nehmen einige Benutzeranpassungen vor.

Besondere Aufmerksamkeit haben wir dabei den Skizzenabhängigkeiten und den Parametern gewidmet. Dies scheint uns deshalb notwendig zu sein, weil damit möglichst schlanke und für spätere Änderungen bzw. Verknüpfungen einfacher handhabbare Modellierungsstrukturen entstehen.

Für diese Version haben wir die Benutzeroberfläche des Inventors 2011 verwendet. Wer weiterhin mit der alten Oberfläche (Inventor 2009) arbeiten möchte, kann dies natürlich durch Umschalten in den Optionen tun (s. S. 1 und 2).

Wir erheben keinen Anspruch auf Vollständigkeit und legen ausdrücklich Wert darauf, dass „Viele Wege nach Rom" führen. Für Hinweise und Anregungen sind wir dankbar und wünschen ansonsten viel Spaß und Erfolg beim Erlernen und Umgang mit einem Programm, das dem Interessierten eine Fülle von Anwendungsmöglichkeiten bietet. Dabei empfehlen wir ausdrücklich das Prinzip „Versuch und Irrtum", da die Vielzahl der Möglichkeiten und Funktionen in einem noch handhabbaren Tutorial kaum darstellbar sind.

Darüber hinaus verweisen wir auf die gelungene Online-Hilfe des Programms und die rege Internetgemeinde, in der viele Hinweise, Tipps und Tricks, gerade zu speziellen Problemen, zu erhalten sind.

Die Dateien, auf die im Lehrbuch Bezug genommen wird, stehen unter:

www.viewegteubner.de/onlineplus

zum Download zur Verfügung.

Wir danken dem Verlag für die schnelle und unkomplizierte Zusammenarbeit bei der Realisierung unseres Buchprojektes.

Haste/Stadthagen, März 2011   Dirk Bauermeister/Wolfgang Häger

Inhaltsverzeichnis

1 Projekt Schraubstock

Das Projekt Schraubstock umfasst zum einen die Modellierung der Bauteile des Gesamtprojektes und das Zusammenfügen dieser Bauteile zur Baugruppe Schraubstock unter Verwendung von Normteilen. Dabei legen wir besonderen Wert auf möglichst klare und damit später leichter modifizierbare Modellierungsstrukturen. Zum anderen die zugehörigen Zeichnungsableitungen und die Generierung einer Stückliste. In einem weiteren Teil beschreiben wir Möglichkeiten der Präsentation und der Animation und gehen abschließend auf die Steuerung und Verknüpfung (Kapitel 2) von Parametern unter Verwendung von Tabellenkalkulationsprogrammen ein.

1.1 Projektverwaltung

Startbildschirm:

Nach dem Start des Inventors erscheint der folgende Bildschirm mit der Multifunktionsleiste. Hier kann die Projektverwaltung aufgerufen, nach Inventor-Dateien gesucht oder Inventor-Dateien des aktuellen Verzeichnisses geöffnet und das Erscheinungsbild angepasst werden. Diese Funktionen lassen sich auch über verschiedene Menüs aufrufen.

Einstellung des Grunderscheinungsbildes der Multifunktionsleiste (MFL).

Die Multifunktionsleiste stellt alle erforderlichen Befehle und Funktionen zur Verfügung. Sie kann angepasst und auf- bzw. zugeklappt werden.

Unter Inventor – Konzept stehen umfangreiche Anleitungen zur Verfügung.

Falls mit der aus Inventor 2009 bekannten Benutzeroberfläche gearbeitet werden soll, so ist über:

➔ Extras – Optionen – Anwendungsoptionen – Farben – Benutzeroberflächenstil

eine entsprechende Auswahl vorzunehmen (Klassische Benutzeroberfläche).

Projektverwaltung:

Projekte werden vom Inventor zur Verwaltung aller Informationen und Daten verwendet, die zu einem Arbeitsbereich gehören. Dazu gehören der Speicherort der Projektdateien, Bibliothekseinstellungen, Vorlagen und weitere Optionen.

➔ Starten – Projekte oder *I*Pro – Verwalten – Projekte

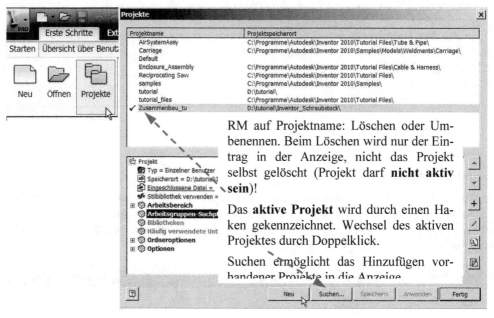

➔ Projekte – Neu

➔ Inventor Projekt-Assistent – Neues Einzelbenutzer-Projekt – Weiter

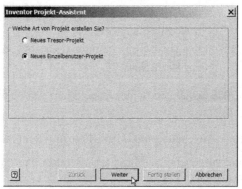

➔ Inventor Projekt-Assistent – Projektdatei (Name: Schraubstock; Projektordner: z. B. D:\Schraubstock) – Fertig stellen

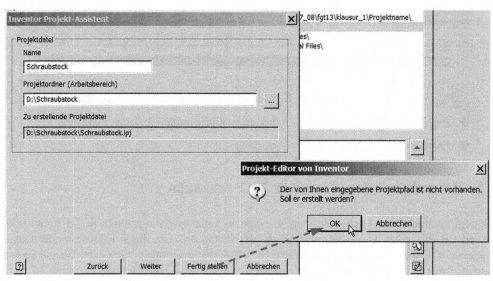

→ Projekte – Stilbibliothek verwenden – RM (rechte Maustaste) – Nein

→ Projekte – Speichern

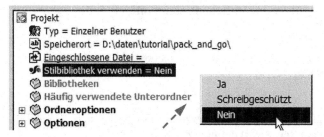

Stilbibliothek (RM) auf „Nein" setzen, damit die Vorgaben aus der Vorlagendatei (z. B. „Norm.idw") verwendet werden; beim Arbeiten mit Inventor-Studio oder Material- bzw. Farbänderungen auf „**Schreibgeschützt**" setzen (**vorher alle Dateien schließen**).

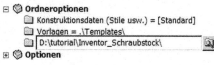

Um in der Stückliste die erforderlichen Angaben wie Festigkeit und Werkstoff für die Normteile (Bibliotheksteile) hinzuzufügen sollte der Pfad auf den Projektordner gesetzt werden.

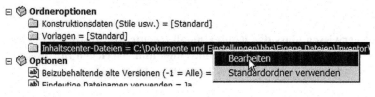

Unter dem Punkt Ordneroptionen können die Standardpfade der Speicherorte angepasst und unter Optionen weitere Einstellungen vorgenommen werden.

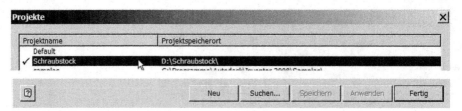

➜ Projekte – Anwenden (Projekt Schraubstock ist mit einem Haken markiert!)

➜ Projekte – Fertig

1.2 Bauteile mit dem Inventor 2011 erzeugen

Mit dem Inventor 2011 werden dreidimensionale Volumenmodelle erzeugt. In der Regel ausgehend von 2D- oder 3D-Skizzen werden die 3D-Elemente, z. B. durch Extrusion oder Rotation, erstellt. Daneben können noch weitere Elemente wie Bohrungen, Gewinde, Wandstärken, Rippen, Sweepings, Erhebungen, Abrundungen, Fasen, Flächenverjüngungen, Spiralen, etc. ergänzt werden.

Bauteile werden im Allgemeinen mit folgenden Schritten konstruiert:

- Falls nicht vorhanden, neues Projekt anlegen (s. **Projekt anlegen, S. 2**)

- Skizzierebene wählen

- Geometrie projizieren (Achsen des Koordinatensystems oder nicht in der Skizzierebene liegende Bezugskanten)

- Skizze (Form) erstellen

- Skizze in Lage (Abhängigkeiten zuweisen, s. **Skizzenabhängigkeiten, S. 91**) und Größe (Bemaßung, s. **Parameter, S. 98**) definieren

- Volumenmodell aus der Skizze erstellen (Extrusion, Rotation, …)

- Volumenkörper am Volumenmodell ergänzen (Ausnehmungen, Bohrungen, Fasen, …)

Grundsätzlich sei darauf verwiesen, dass das Kontextmenü (rechte Maustaste – RM) bezogen auf das jeweilige Objekt/Element bei vielen Funktionen und Bereichen für die weitere Bearbeitung oder Veränderung von besonderer Bedeutung ist.

Beim Aufruf einer neuen Bauteil-Datei öffnet sich automatisch der 2D-Skizzier-Bereich:

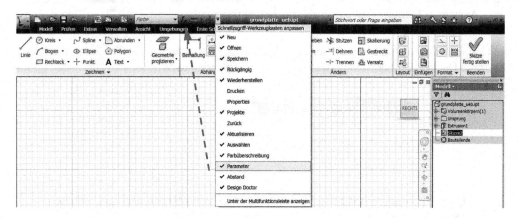

Die Multifunktionsleiste und der Schnellzugriff-Werkzeugkasten stellen alle erforderlichen Befehle und Funktionen zur Verfügung. Sie können angepasst und die Multifunktionsleiste auf- bzw. zugeklappt werden. Im Schnellzugriff-Werkzeugkasten sollte „Parameter" aktiviert sein, da im folgenden auf die Parameter häufig zugegriffen wird. Eine detaillierte Darstellung der Möglichkeiten und Funktionen der Multifunktions- und Navigationsleiste befindet sich unter der Hilfe im Inventor-Lernprogramm.

Zur Navigation und für Veränderungen der Anzeige stehen die Werkzeuge der Navigationsleiste zur Verfügung.

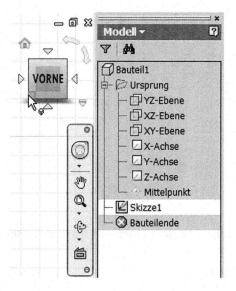

Die Browserleiste ist von besonderer Bedeutung, da über sie auf die einzelnen Objekte und Elemente von Inventordateien gezielt zugegriffen werden kann.

Die Anzeige der Werkzeuge (z. B. Navigationsleiste) lässt sich über „Ansicht – Fenster – Benutzeroberfläche" aktivieren bzw. deaktivieren.

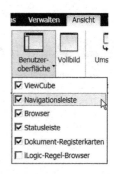

Ein Doppelklick auf einen Reiter oder ein Klick auf den Schalter ändert die Darstellung der Menüleiste (Ein- bzw. Ausblenden der zur jeweiligen Gruppe gehörenden Befehle).

1.2.1 Quaderförmige Bauteile (Extrusion, Platzierte Elemente und Boolsche Operationen)

a) Grundplatte

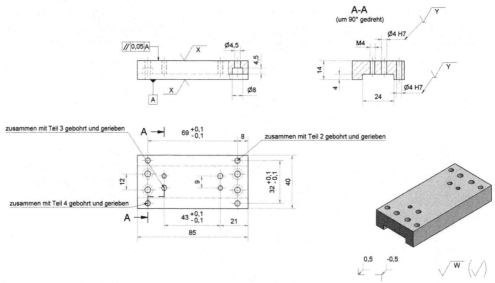

Hinweis: Falls kein vorhandenes Projekt bearbeitet wird, als erstes ein neues Projekt erstellen (s. Projekt anlegen, S. 2)

Neue Bauteilzeichnung öffnen

➔ Starten – Neu – Norm.ipt (evtl. auch andere Vorlage s. **Vorlagen, S. 133**) oder:

Sie befindet sich nun automatisch im Skizziermodus. Standardmäßig wird die X–Y-Ebene als Skizzierebene ausgewählt. Anpassungen sind in den Anwendungsoptionen (Extras – Optionen – Anwendungsoptionen) möglich.

➜ Skizze – Zeichnen – Geometrie projizieren oder **RM** auf der Skizzierfläche – Geometrie projizieren

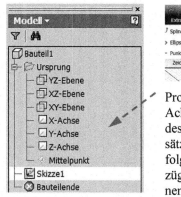

Projizieren Sie die X-, Y-, Z-Achse und den Mittelpunkt des Ursprungs (sollte grundsätzlich bei jeder Skizze erfolgen, damit einfacher Bezüge hergestellt werden können).

Skizzieren Sie die folgende oder eine ähnliche Grundform (s. a. **Skizzenabhängigkeiten, S. 91**).

➜ Skizze – Zeichnen – Rechteck

Über die dynamische Eingabe können die Maße eingeben und die Parameter benannt werden. Durch Anklicken des Schlosses lässt sich die Bemaßung wieder bearbeiten. Das Aktivieren/Deaktivieren der dynamischen Eingabe erfolgt unter „Extras – Anwendungsoptionen – Skizze – Exponierte Anzeige".

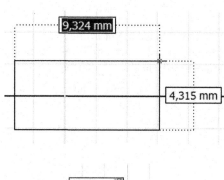

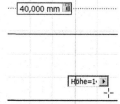

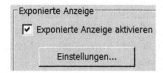

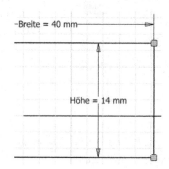

Unter Einstellungen sind Spezifizierungen
möglich.

Der Einsatz der dynamischen Eingabe sollte
situationsabhängig erfolgen, u.U. ist es sinnvoll die Skizze erst über Skizzenabhängigkeiten zu bestimmen und danach zu bemaßen.

Ist die dynamische Eingabe deaktiviert, kann
die Bemaßung manuell erstellt werden; folgende Option sinnvollerweise aktivieren:

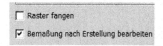

➔   Skizze – Zeichnen – Linie (L)

Zur besseren Orientierung ist hier die Anzeige der Skizzenabhängigkeit Koinzident aktiviert:

Extras – Anwendungsoptionen – Skizze:

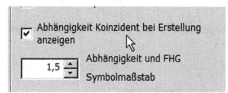

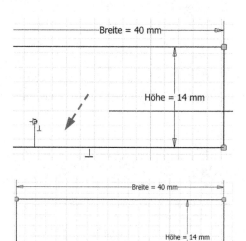

Für die Erzeugung der Nut ist die dynamische Eingabe deaktiviert, um die Möglichkeit
der manuellen Bemaßung aufzuzeigen.

Über Linie und die automatischen Skizzenabhängigkeiten (hier Lotrecht, Parallel, Lotrecht) die Nut skizzieren.

➜ Skizze – Ändern – Stutzen

Durch Stutzen die überflüssige Linie entfernen.

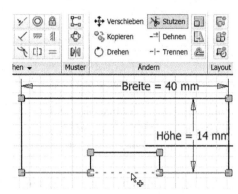

➜ Skizze – Abhängig machen – Bemaßung

Bemaßung hinzufügen, der automatisch vergebene Parametername (hier d10) sollte gleich umbenannt werden (Nutbreite).

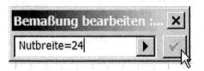

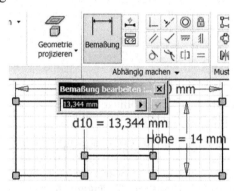

Das erleichtert das spätere Editieren und die Orientierung in der Parameterliste, der Name kann natürlich auch in der Parameterliste geändert werden.

Die vollständig bemaßte Grundkontur mit den benannten Parametern.

Abschließend erfolgt das Hinzufügen der noch fehlenden Skizzenabhängigkeiten, damit die Skizze vollständig (Form und Lage) bestimmt wird.

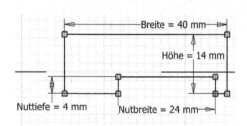

➜ Skizze – Abhängig machen – Symmetrisch (oder **RM** auf Skizzierfläche)

Die Skizze hier etwas nach links (über die Y-Achse) verschieben, damit die Symmetrie zum gewünschten Ergebnis führt:

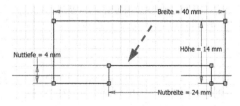

Sollen unterschiedliche Symmetrie-Achsen verwendet werden, **RM – Neustart** (Wiederholung des letzten Befehls).

Wählen Sie die beiden äußeren vertikalen Seiten und erzeugen die Symmetrie zur Y-Achse (1). Danach die beiden inneren vertikalen Seiten ebenfalls symmetrisch zur Y-Achse anordnen.

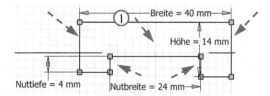

→ Skizze – Abhängig machen – Kollinear (oder **RM** auf Skizzierfläche)

Vor der Abhängigkeit „Kollinear" die Seiten (Höhe und Nuttiefe) mit der Abhängigkeit „Gleich" versehen (1).

Die Abhängigkeit „Kollinar" legt die Skizze auf die X-Achse (2).

Hier ist die Anzeige der Abhängigkeiten eingeschaltet (F8, oder RM auf Skizzierfläche). Damit ist eine gezielte Bearbeitung möglich. Die jeweils beteiligten Abhängigkeiten und Objekte werden beim Überfahren mit dem Zeigegerät farbig unterlegt (Objekt oder Abhängigkeit); Ausschalten mit F9 oder RM.

Geometrisch eindeutige Skizzen werden schwarz, dieser Zustand sollte erreicht werden.

Damit ist die Skizze bezogen auf das Koordinatensystem eindeutig bestimmt; die Anzeige ist allerdings vom gewählten Farbschema (Extras – Anwendungsoptionen – Farben) abhängig.

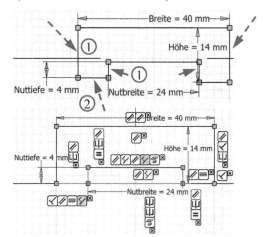

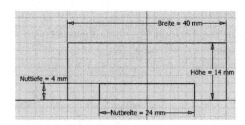

Hier ist das Farbschema von „Präsentation" auf „Himmelblau" umgestellt, um die Farbunterschiede deutlich sichtbar werden zu lassen.

Damit die Parameternamen angezeigt werden, Kontextmenü (RM) auf die Skizzierfläche – Bemaßungsanzeige – Ausdruck (**Anzeige der Parameternamen!**):

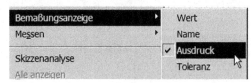

➔ **RM** auf Maßlinie (hier das Maß 40) – Bemaßungseigenschaften

Nachträgliche Veränderung
der Bemaßungseigenschaften
(hier d0).

Die Änderung der Parameter-
namen kann auch in der
Parameterliste erfolgen (s. a.
Parameternamen, S. 137).

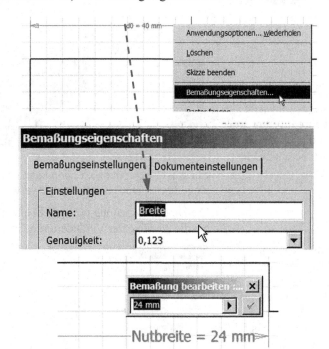

Veränderung des Bema-
ßungswertes durch Doppel-
klick auf das Maß.

Skizze beenden

➔ Skizze – Beenden – Skizze fertig stellen (oder **RM** – Skizze beenden)

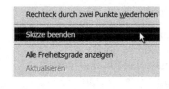

➔ alternativ Kontexmenü (**RM**) auf der Skizzierfläche – Element erstellen

Damit kann das Erstellen
des Elementes aus der
Skizze heraus erfolgen.

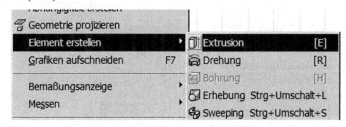

Extrusion durchführen

➔ Modell – Erstellen – Extrusion

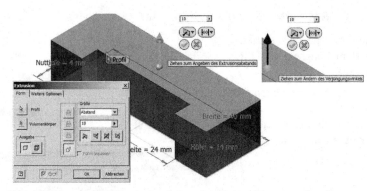

Da nur eine Skizze
zur Auswahl steht,
erkennt Inventor so-
fort die Skizze als zu
extrudierendes Ele-
ment.

Zur Ausführung der Extrusion kann das Auswahlmenü oder die neu
eingeführte „Direktbearbeitung" verwendet werden.

Die Direktbearbeitung ermöglicht eine interaktive Bearbeitung, wo-
bei die Anzeige der Veränderungen in Echtzeit erfolgt.

Größe – Abstand:
„Länge=85 mm"; der
Parameter sollte hier
schon benannt wer-
den (1).
Bezogen auf das fol-
gende Bohrbild wäre
auch eine beidseitig
symmetrische Extru-
sion sinnvoll (2).

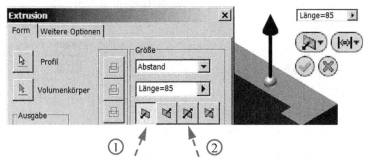

Die Direktbearbeitung beinhaltet die gleichen Optionen wie das Auswahlmenü.

Als Ergebnis entsteht der
Grundkörper.

Unter dem Reiter „Weitere
Optionen" könnte noch ein
Extrusionswinkel für eine hier
nicht erforderliche Verjün-
gung eingegeben werden.

Die einzelnen Elemente und
Skizzen eines Modells lassen
sich im Modellbrowser zur
besseren Orientierung umbenennen (langsamer Doppel-
klick). Hier Extrusion1 in
Grundkörper und Skizze1 in
Skizze_Grundkörper.

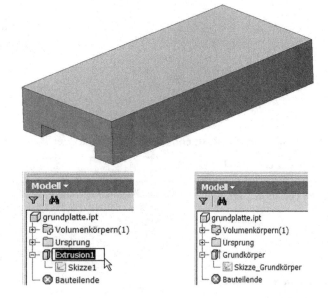

Die Parameter der Extrusion bei der Eingabe (s. oben) oder in der Parameterliste z. B. in „Länge" und „Extr_Winkel" umbenennen (Parameter anklicken)!

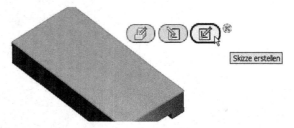

Parametername	Einheit/Typ	Gleichung	Nennwert	Tol.	Modellwert
Modellparameter					
Breite	mm	40 mm	40,000000	○	40,000000
Nutbreite	mm	24 mm	24,000000	○	24,000000
Nuttiefe	mm	4 mm	4,000000	○	4,000000
Höhe	mm	14 mm	14,000000	○	14,000000
Länge	mm	85 mm	85,000000	○	85,000000
Extr_Winkel	grd	0,0 grd	0,000000	◉	0,000000
Benutzerparameter					

Bohrungen Ø4H7 über Skizze hinzufügen: (Bohrungen lassen sich auch direkt einfügen (s. Gewindebohrung M4, S. 16)

Ausgangspunkt ist eine 2D-Skizze, die das Bohrbild auf der gewünschten Fläche abbildet. Die Skizze kann entweder mittels der Direktbearbeitung oder über die Multifunktionsleiste erstellt werden.

➜ Skizze über Direktbearbeitung

Über die Direktbearbeitung werden die Editiermöglichkeiten eines Elementes angeboten (hier Extrusion bearbeiten, (vorhandene) Skizze bearbeiten, Skizze erstellen).

Gewünschte Fläche anklicken und Option „Skizze erstellen" wählen.

➜ Modell – Skizze – 2D-Skizze erstellen (Skizze alternativ über Multifunktionsleiste aufrufen)

Legen Sie eine Skizze auf die Oberseite der Grundplatte:

Fläche oder Ebene im Browser anklicken!

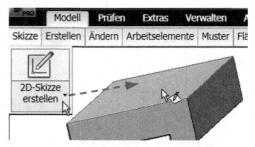

➜ Skizze – Zeichnen – Geometrie projizieren oder **RM** auf der Skizzierfläche – Geometrie projizieren

Mittelpunkt, X-, Y- und Z-Achse projizieren;

Falls erforderlich Fläche ausrichten:

→ Ansichtsfläche (Menüleiste)

Fläche oder Ebene im Browser anklicken, um
die Skizze auszurichten.

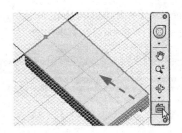

→ Skizze – Punkt, Mittelpunkt

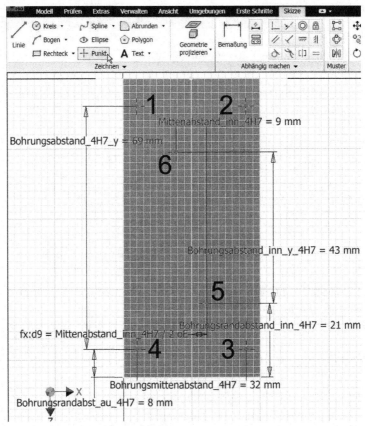

Fügen Sie sechs Punkte ein; versehen Sie die Punkte 1 bis 4 mit einer Abhängigkeit Symmetrie
zur Z-Achse; versehen Sie die Punkte 1 und 4 (oder 2 und 3) mit der Abhängigkeit Vertikal;
bemaßen Sie die Punkte entsprechend der Vorgabe (Punkt 5: **Mittenabstand_inn_4H7/2**, s.
Verwendung von Funktionen und Parametern, S. 136); auch hier sollten die Parameter umbenannt werden.

→ Kontextmenü (RM) – Element erstellen – Bohrung

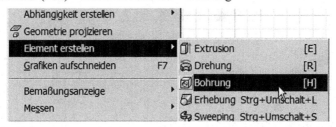

Inventor erkennt die skizzierten Punkte automatisch.

Ausführungstyp:
„Durch alle"

Durchmesser:
Bohrung_4H7=4 mm

Wie oben, kann der Parameter auch hier gleich bei der Eingabe benannt werden.

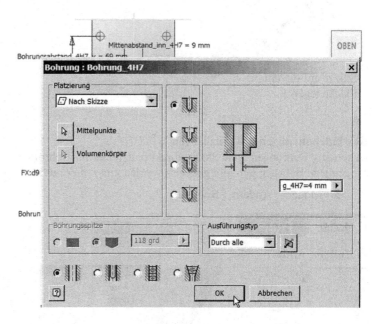

Als Ergebnis erhalten Sie die sechs Stiftbohrungen.

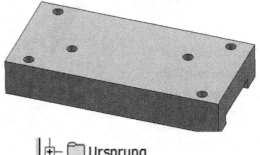

Auch hier sollten Sie den Parameter des Bohrungsdurchmessers bei der Eingabe oder in der Parameterliste und Element/Skizze im Modellbrowser umbenennen.

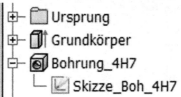

Fügen Sie nun die Senkbohrungen Ø8/4,5 wie oben beschrieben ein:

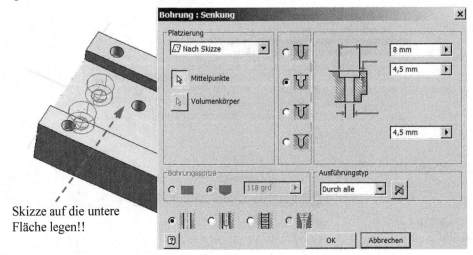

Skizze auf die untere
Fläche legen!!

Gewindebohrungen M4 hinzufügen
(Alternativ Bohrungen ohne Skizze direkt platzieren, für Bohrbilder ungeeignet, da bei Änderungen jede Bohrung getrennt geändert werden muss, hier nur zu Anschauungszwecken!)

➔ Modell – Ändern – Bohrung

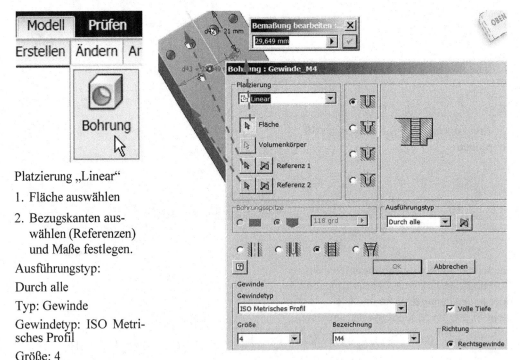

Platzierung „Linear"

1. Fläche auswählen

2. Bezugskanten aus-
   wählen (Referenzen)
   und Maße festlegen.

Ausführungstyp:

Durch alle

Typ: Gewinde

Gewindetyp: ISO Metri-
sches Profil

Größe: 4

➔ Dialogbox – Anwenden

Wiederholen Sie den Vorgang mit der zweiten Bohrung!

Festlegung des Bohrbildes M4 über eine Skizze:

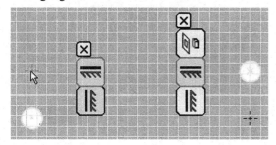

Hier ist allerdings die Festlegung in der Skizze über je eine *vertikale* und *horizontale* Abhängigkeit zu den vorhandenen Stiftbohrungen (Mittelpunkte) sinnvoller (keine weiteren Maße und somit Parameter erforderlich).

Bei maßlicher Änderung der Stiftbohrungen werden die Gewindebohrungen automatisch mitgeändert.

Die Parameter sollten wieder in der Parameterliste und die Elemente im Modellbrowser umbenannt werden:

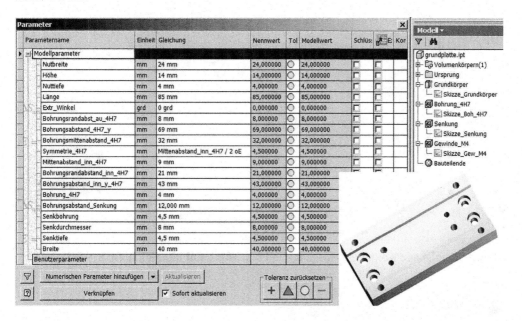

b) Bewegliche Backe

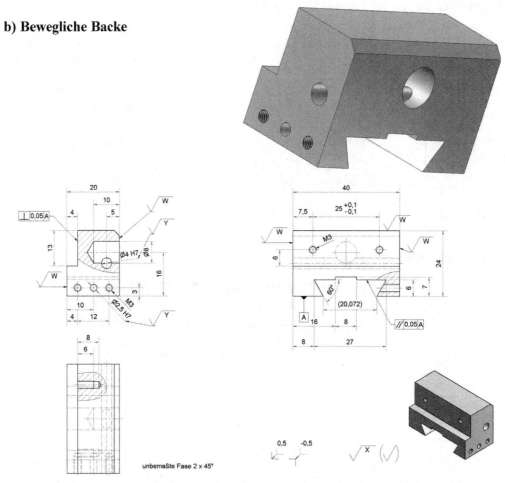

Erstellen Sie folgende Kontur als Ausgangspunkt (s. **Skizzenabhängigkeiten, S. 91**).

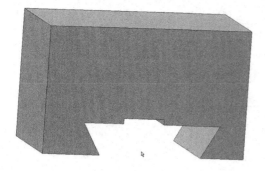

Skizze auf Fläche legen (Lage der Stell-Leiste beachten, Führung ist nicht symmetrisch!).

→ Modell – Skizze – 2D-Skizze erstellen

→ Geometrie projizieren (X- und Y-Achse)

→ Ausrichten nach (Navigationsleiste)

→ Skizze – Zeichnen – Rechteck (Eckpunkt fangen)

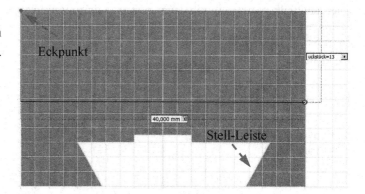

→ Skizze beenden (Skizze – Beenden – Skizze fertig stellen oder RM – Skizze beenden)

→ Modell – Erstellen – Extrusion

→ Alternativ RM auf Skizzierfläche, Element erstellen

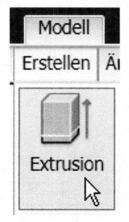
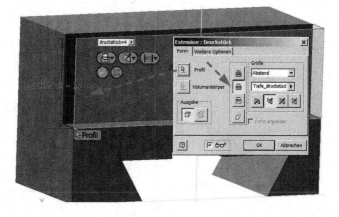

Wählen Sie als Profil die vordere, obere Fläche aus.

Verwenden Sie als Boolsche Operation „Differenz" und legen als Abstand *Tiefe_druckstück=4* mm fest (Extrusionsrichtung beachten!).

Versehen Sie das Bauteil mit den fehlenden Elementen. Beachten Sie bei den Gewindebohrungen M3/Stiftbohrung Ø 2,5 den Ausführungstyp („Bis" Fläche). Erstellen Sie danach die übrigen quaderförmigen Teile analog.

Falls die Auswahl von Objekten (auch in Baugruppendateien) nicht eindeutig möglich ist, kann über **RM „Andere auswählen..."** bzw. durch kurzes Verharren in einer Position das Werkzeug **„Andere auswählen..."** aufgerufen werden:

Über die Pfeiltasten lassen sich dann unterschiedliche Bezugsobjekte –jeweils farbig markiert– bestimmen (ebenfalls über die Scrollfunktion des Zeigegerätes); zur Auswahl abschließend die grüne Schaltfläche anklicken.

Hinweis:

„Bis" Fläche stellt sicher, dass auch bei Änderungen der Führung die Bohrungen weiterhin an der Fläche enden.

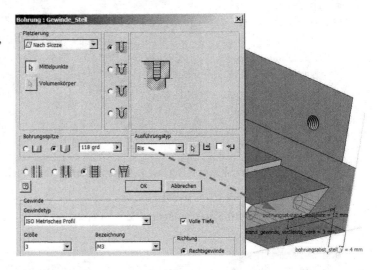

1.2.2   Rundes Bauteil (Spindel)

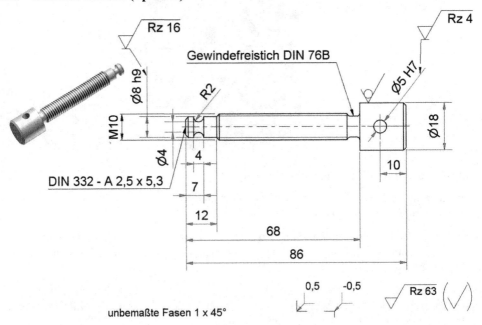

Hauptkontur durch Drehung erzeugen:

➔   Neu – Bauteil

➔   Skizze – Zeichnen – Geometrie projizieren (X-, Y- und Z-Achse, Mittelpunkt)

Kontur (ohne Fasen,
Stiftführung und Frei-
stich) skizzieren und
zum Koordinatensys-
tem positionieren (Ko-
ordinatenursprung).

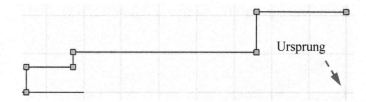

Verwendung der Mittellinie bei der Bemaßung der Durchmesser:

➜   Skizze – Format – Mittellinie (X-Achse vorher aktivieren)

Mittels dieser Mittellinie können die Durchmesser bemaßt werden.

Unter dem Menü „Format" stehen neben
„Mittellinie" weitere Modi (z. B. Konstruk-
tionslinie) zur Verfügung. Alle unter einem
aktivierten Modi erzeugten Elemente erhalten
diese Eigenschaft, deshalb nach Festlegung
der Mittellinie diesen Modus wieder deaktivieren.

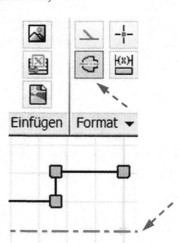

➜   Skizze – Abhängig machen – Allgemeine Bemaßung

Hinweis:
Die Auswahl der Mittellinie
muss im markierten Bereich
(Strich-Punkt) erfolgen.

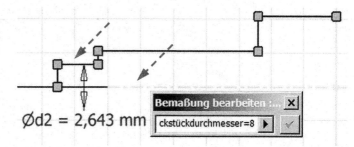

Skizze vollständig be-
maßt und die Parmeter
benannt.

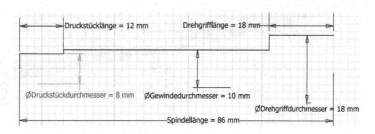

→ Kontextmenü (**RM**) – Element erstellen – Drehung

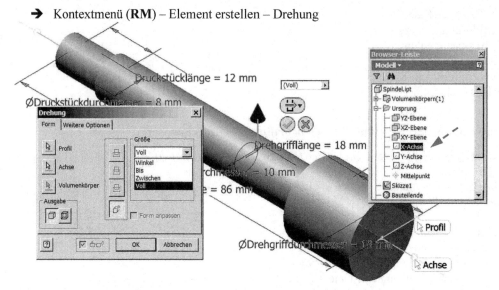

Hier wurden Profil und Achse automatisch erkannt, alternativ kann die Auswahl manuell in der Skizze und die der Achse, im Browser erfolgen.

Platzierte Elemente hinzufügen:

→ Modell – Ändern – Fase

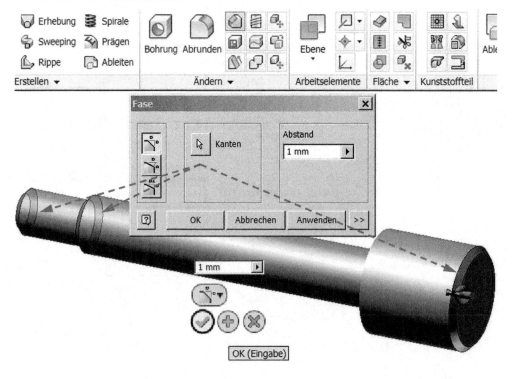

Stiftführung hinzufügen:

➔ Modell – Skizze – 2D-Skizze erstellen (auf die XY-Ebene legen)

➔ Ansicht – Darstellung – Grafiken aufschneiden (F7)

➔ Skizze – Zeichnen – Geometrie projizieren (X-, Y- und Z-Achse, Mittelpunkt)

➔ Skizze – Zeichnen – Schnittkanten projizieren (s. **Geometrien und Schnittkanten projizieren, S. 147**)

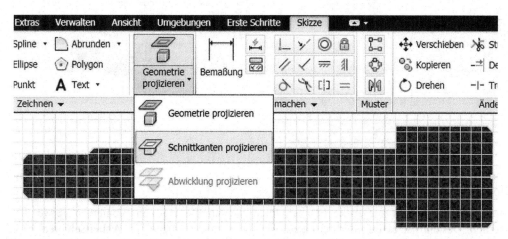

Das Projizieren der Schnittkanten oder auch von Kanten/Elementen, die nicht in der aktuellen Ebene (Geometrie projizieren) liegen, ermöglicht die Herstellung von Bezügen zu diesen Elementen.

→ Skizze – Zeichnen – Kreis

→ Kontextmenü (RM) – Element erstellen – Drehung (Boolsche Operation: Differenz)

Ergebnis:

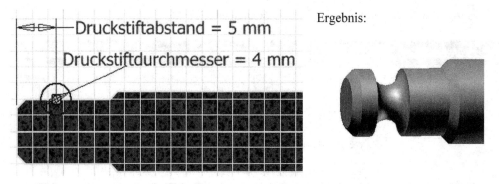

Fügen Sie den Gewindefreistich DIN 76 B ebenfalls über „Drehung" und „Differenz" hinzu.

Gewinde hinzufügen:

→ Modell – Ändern – Gewinde

Fläche auswählen und gegebenenfalls das Gewinde spezifizieren:

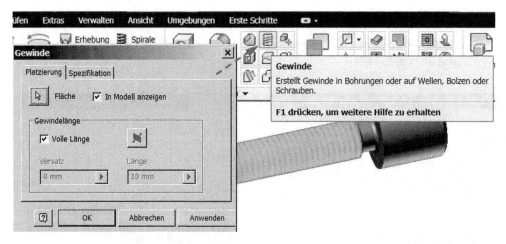

Bohrung Ø 5 mm hinzufügen:

Grundsätzlich können nur ebene Flächen für die Positionierung von Elementen verwendet werden. Deshalb ist es erforderlich eine sogenannte „Arbeitsebene" (s. **Arbeitsebenen und -achsen, S. 104**) auf die Fläche des Drehgriffs zu legen, die als Skizzierebene für die Festlegung des Mittelpunktes benutzt wird.

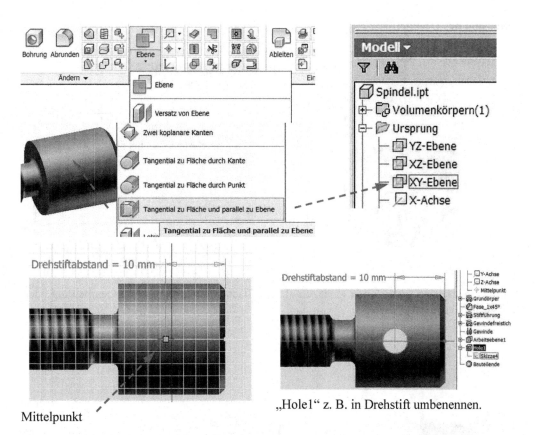

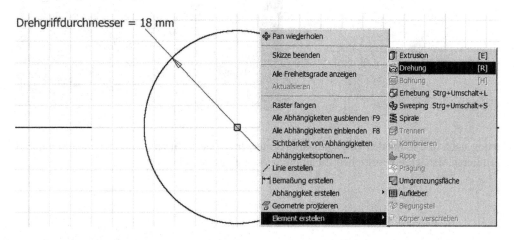

„Hole1" z. B. in Drehstift umbenennen.

Mittelpunkt

Alternativ können runde Bauteile aus einzelnen Elementen extrudiert und vereinigt (s. folgend) oder mit dem **Konstruktionsassistenten** (wird hier nicht behandelt) erzeugt werden:

Drehgriffdurchmesser skizzieren:

Ersten Durchmesser skizzieren und extrudieren; danach die beiden anderen Körper durch „Vereinigung" hinzufügen

Extrusion des Drehgriffs:

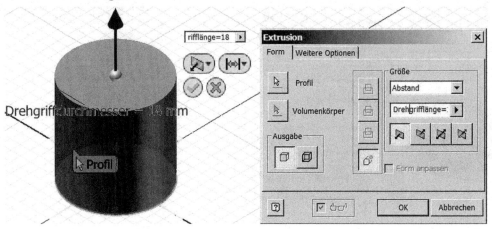

Weitere Extrusion hinzufügen (Skizze auf Kreisfläche, anklicken – Direktbearbeitung oder Skizze auf Fläche):

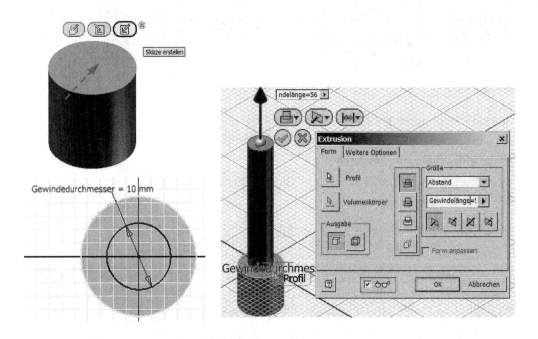

Analog noch den fehlenden Druckstückdurchmesser auf dem Durchmesser 10 hinzufügen und extrudieren, danach die restlichen Elemente wie vorab beschrieben ergänzen.

1.2.3 Skizzen editieren (Spindellager)

Anhand des Spindellagers sollen folgend einige Skizzeneditierfunktionen dargestellt werden (hier wird z. T. absichtlich etwas umständlich skizziert):

Halbe Breite und Seitenhöhe skizzieren

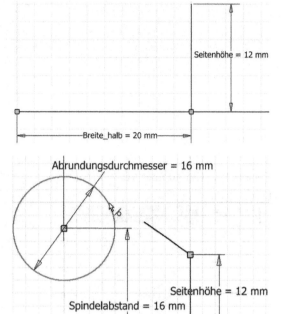

Abrundungsdurchmesser und beliebige Linie am Ende der Seitenhöhe hinzufügen. Linie und Durchmesser mit der Abhängigkeit „Tangential" versehen. Die Linie ließe sich hier natürlich auch direkt tangential positionieren.

Über **Ändern** die Editierfunktion „Dehnen" die Linie mit dem Kreis verbinden:

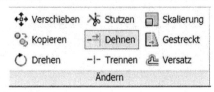

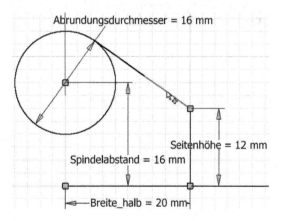

Überflüssige Elemente (hier die beiden
Kreissegmente) durch „Stutzen" entfernen:

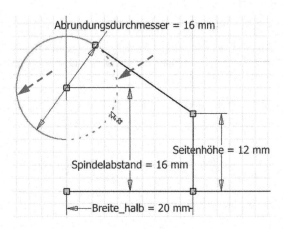

Entstandene Kontur über **Muster** „Spie-
geln":

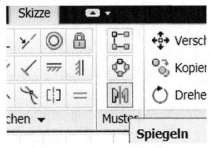

Elemente und Spiegelachse auswählen und
„Anwenden" nicht vergessen

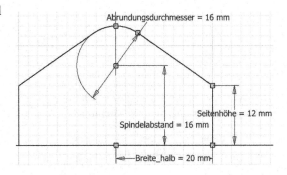

Als Ergebnis ergibt sich die Grundkontur
des Spindellagers (hier sind natürlich auch
andere Vorgehensweisen denkbar und
sinnvoll).

1.3 Baugruppen mit dem Inventor 2011 erzeugen

Pos	Menge	Benennung	Sachnr./Normbez.	Bem./Werkstoff
		Stückliste		
1	1	Grundplatte		S 235 JR
2	1	Spindellager		S 235 JR
3	1	Führungsplatte		S 235 JR
4	1	Feste Backe		S 235 JR
5				10 S20 +C
6		Bewegliche Backe		S 235 JR
7		Leiste		Cu Zn 28
8		Werkstück		C 45
9				8.8
			3 x 10	8.8
		Produktklasse		
12	6	Innensechskantschraube	- M4 x 12	8.8
13	2	Zylinderstift	ISO 2338 - 4 m6 x 16 - A	St
14	1	Zylinderstift	ISO 2338 - 2,5 m6 x 6 - A	St
15	1	Zylinderstift	ISO 2338 - 4 m6 x 40 - A	St
16	1	Zylinderstift	ISO 2338 - 5 m6 x 50 - A	St
17	4	Zylinderstift	ISO 2338 - 4 m6 x 20 - A	St

Neue Baugruppendatei öffnen:

➔ IPro – Neu oder Pull-Down-Menü oder IPro – Neu – Neu – Norm.iam

oder andere Vorlage

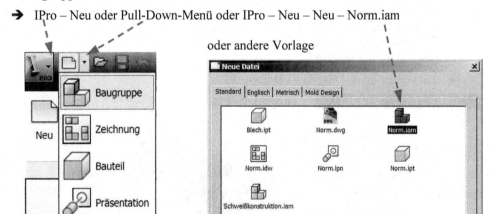

Grundplatte (Pos.1) platzieren (s. a. **Baugruppenursprung und Fixierung…, S. 114**):

➔ Zusammenfügen – Komponente – Platzieren

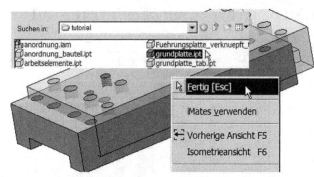

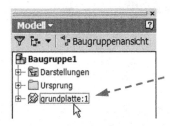

Kontextmenü RM und mit „Fertig" bestätigen

Das erste platzierte Bauteil wird automatisch fixiert und liegt im Ursprung der Baugruppe (s. **Baugruppenursprung und Fixierung ...**, S. 114). Kennzeichnung durch **Stecker**.

Spindellager (Pos. 3) platzieren und mittels Abhängigkeiten „Passend" positionieren:

→ Zusammenfügen – Komponente – Platzieren

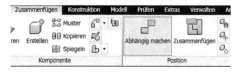

→ Zusammenfügen – Position – Abhängig machen
Die Funktion „Zusammenfügen" erzeugt die gleichen Abhängigkeiten interaktiv; wir verwenden aber im folgenden ausschließlich die Funktion „Abhängig machen".

→ Zusammenfügen – Position – Drehen

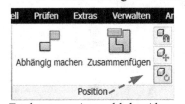

Auswahl der Flächen:

Zur besseren Auswahl der Abhängigkeitsbeziehungen können Sie auch einzelne **Komponenten drehen oder verschieben**.

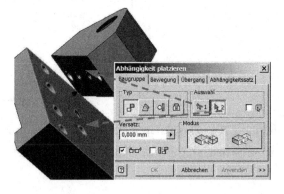

➜   Abhängigkeit platzieren – Anwenden

Abhängigkeit „**Passend**"
im Modus „**Passend**"

Mit „Anwenden" ab-
schließen.

Ergebnis:

Das Bauteil lässt sich
auf der Ebene noch be-
liebig verschieben.

Zur endgültigen Positionierung verwenden Sie zweimal die Abhängigkeit „**Passend**" im Modus „**Fluchtend**".

Die Bauteile können danach nicht mehr gegeneinander verschoben werden.
Falls erforderlich, kann über „Versatz" die Position noch verändert werden. Ein Versatz ermöglicht ein relatives Verändern der Position der Flächen zu einander. Die Werte für den Versatz können positiv oder negativ sein.

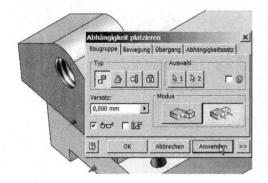

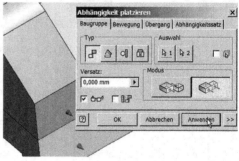

Im Modellbrowser werden die verwendeten
Abhängigkeiten jeweils bei beiden Bauteilen
angezeigt. Das erleichtert das nachträgliche
Modifizieren ganz erheblich.

Abhängigkeiten lassen sich wie alle anderen
Objekte ebenfalls umbenennen (s. u.).

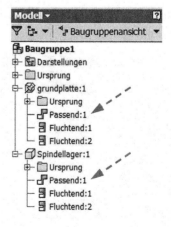

Durch Markieren der Abhängigkeit und rechte Maustaste erhält man nebenstehendes Menü.

Nun kann die ausgewählte Abhängigkeit bearbeitet, geändert,
umbenannt (langsamer Doppelklick), unterdrückt oder gelöscht werden.

Hier kann man auch einfache
Animationsvorgänge aufrufen
(s. **Bewegung von Bauteilabhängigkeiten, S. 67**).

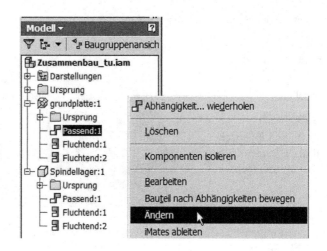

Alternative Positionierung über die Zylinderstifte (Pos. 17):

➔ Zusammenfügen – Komponente – Platzieren – Aus Inhaltscenter platzieren...
   (s. **Komponenten aus dem Inhaltscenter platzieren, S. 117**)

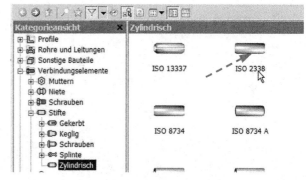

Typ auswählen und Abmessungen spezifizieren, danach zweimal auf der Arbeitsfläche ablegen
(hier sollte mit einem Filter gearbeitet werden, s. **Komponenten ...; S. 117**)

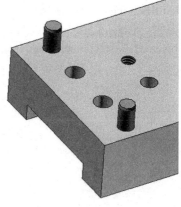

Stifte mit „**Einfügen**" in die Bohrungen der Grundplatte einsetzen, die begrenzenden Kanten der Durchmesser dienen dabei als Bezug für die Auswahl. Über Modus und/oder Versatz kann die Lage beeinflusst werden.

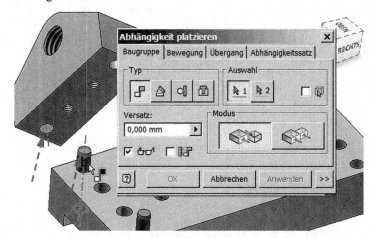

Mit „**Passend**" Stift und Stiftbohrung miteinander verbinden (Auswahl: Durchmesser/Achse).

Zweiten Stift mit der Bohrung verbinden:

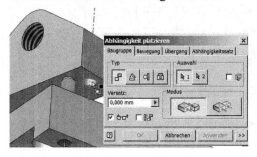

Flächen mit „Passend" aufeinandersetzen:

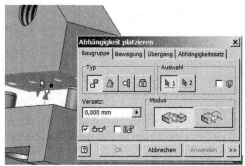

Als Ergebnis ergibt sich gleiche Positionierung wie über die Flächen.

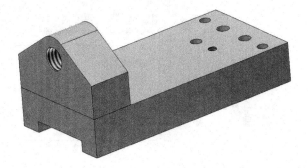

Spindel platzieren (Position 8) und mittels Abhängigkeit „**Einfügen**" mit Versatz hinzufügen, Stift platzieren und danach Winkelstellung über die Abhängigkeit „**Winkel**" festlegen:

Spindel „Einfügen":   Ergebnis ohne „Versatz":

Zur besseren Darstellung und Positionierung sollte mit einem Versatz gearbeitet werden:

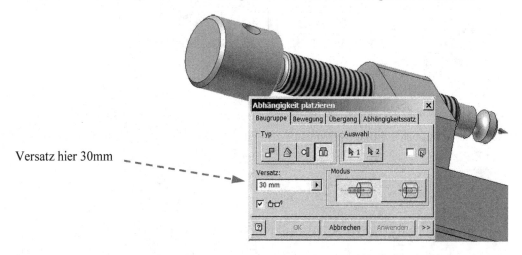

Versatz hier 30mm

Platzieren Sie den Stift 5 x 50 (Pos. 16) und positionieren Sie ihn als erstes mittels der Abhängigkeit „**Passend Modus Passend**" und danach „**Passend Modus Fluchtend**".

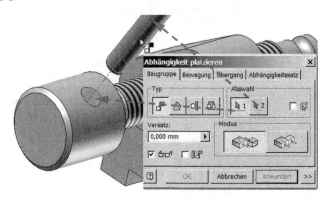

Sie können Achsen, Ebenen oder Punkte zur Positionierung auch im Browser auswählen (Vorschau beachten).

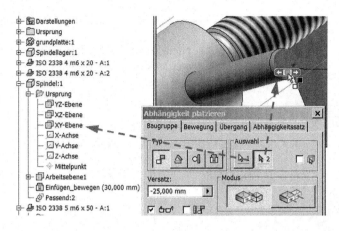

Stift hier mit „Versatz" und
„Passend Modus Fluchtend"
(Versatz –25 mm) positioniert
und damit festgelegt (Stirnflä-
che Stift zu XY-Ebene der
Spindel).

Die Abhängigkeit „Einfügen"
der Spindel ist hier in „Einfü-
gen_bewegen" umbenannt, um
sie später der Bewegungsanima-
tion besser zuordnen zu können.

Die Winkelstellung der Spindel wird noch durch eine „Winkelabhängigkeit" bestimmt:
(Bei den ausgewählten Ebenen muss eine Winkelstellung möglich sein.)

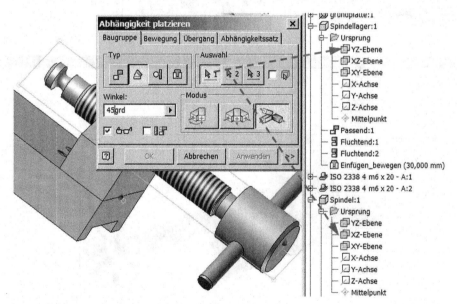

Vervollständigen Sie die Baugruppe entsprechend der Stückliste.

Hinweis: Es kann hilfreich sein, Komponenten auszublenden bzw. mit Schnittansichten
(s. unten) zu arbeiten (Kontextmenü, RM), z. B. bei der Platzierung weiterer Objekte.

Ausblenden der „Beweglichen Backe", damit wird der innere Aufbau sichtbar:

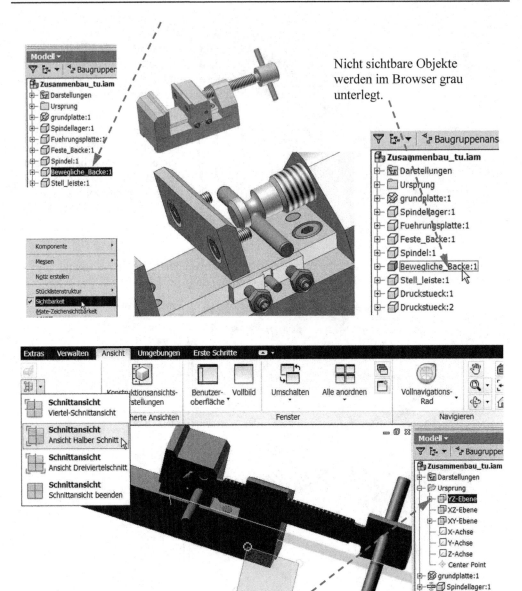

Nicht sichtbare Objekte werden im Browser grau unterlegt.

Für diese „Halbe Schnittansicht" wurde die YZ-Ebene des Baugruppenursprungs gewählt, neben den vorhandenen Ebenen kann jede weitere Arbeitsebene für die Erzeugung von Schnittansichten verwendet werden (hier durch die Schrauben; s. **Arbeitsebenen und -achsen S. 104**):

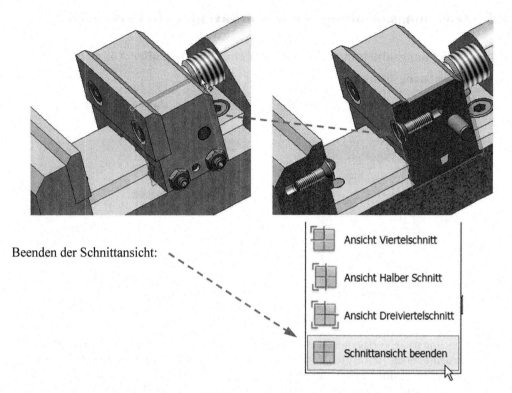

Beenden der Schnittansicht:

Ansicht Viertelschnitt

Ansicht Halber Schnitt

Ansicht Dreiviertelschnitt

Schnittansicht beenden

Neben Halben Schnittansichten können auch „Viertel- bzw. Dreiviertel-Schnittansichten" über zwei Ebenen definiert werden.

1.4   Zeichnungsableitungen mit dem Inventor 2011 erzeugen

1.4.1   Zeichnungsableitung von Bauteilen einschließlich aller Angaben
Neue 2D-Zeichnung öffnen:

➜ Starten – Neu – Norm.idw (evtl. auch andere Vorlage s. **Vorlagen, S. 133**)
   oder:

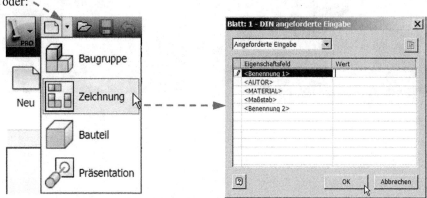

Es öffnet sich je nach Vorlagendatei ein Eingabefenster, in das Angaben zur Zeichnung einge-
tragen werden können (die Abfragen sind hier schon angepasst). Falls in den Projekteinstellungen die Option „Stilbibliothek verwenden" auf „Schreibgeschützt" steht, kommt eine Meldung, dass die Einstellungen der Stilbibliothek und nicht die der Vorlagendatei verwendet
werden (Stilkonflikt)! Bei Bedarf die Option wieder auf „Nein" setzen (vorher alle Dateien
schließen). Diese Angaben können auch später durchgeführt bzw. modifiziert werden.

Ändern des Blattformats bzw. der Blattausrichtung und des Blattnamens:

➜ Modell – Blatt:1 – RM (Rechte Maustaste) – Blatt bearbeiten

 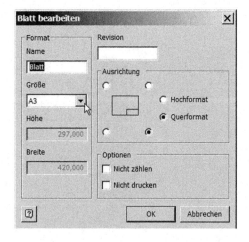

Erstansicht erzeugen:

➜ Ansicht platzieren – Erstellen – Basis (RM auf Zeichenfläche, Erstansicht)

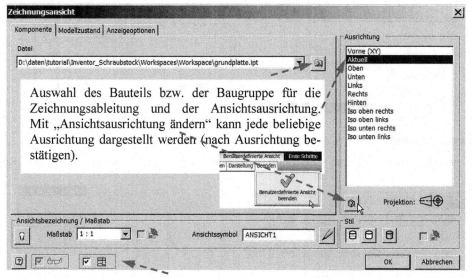

Auswahl des Bauteils bzw. der Baugruppe für die Zeichnungsableitung und der Ansichtsausrichtung. Mit „Ansichtsausrichtung ändern" kann jede beliebige Ausrichtung dargestellt werden (nach Ausrichtung bestätigen).

Parallele Ansichten nach Erstellung der Erstansicht erstellen aktiviert, damit können direkt weitere Ansichten erzeugt werden.

Das Erscheinungsbild einer Ansicht modifizieren (Verdeckte Kanten, Gewindeelemente, Maßstäbe, Beziehungen zu anderen Ansichten):

➜ Ansicht markieren – RM – Ansicht bearbeiten

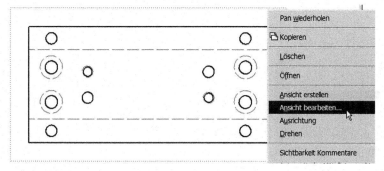

In dem sich öffnenden Fenster (wie oben) lässt sich das Erscheinungsbild und die Verbindung zu anderen Ansichten vielfältig beeinflussen.

Vorderansicht erzeugen:

→ Ansicht markieren – Ansichten platzieren – Erstellen – Parallel oder Kontextmenü
   (RM) – Ansicht erstellen – Parallele Ansicht (Anklicken und RM Erstellen) oder direkt parallele Ansicht erstellen (s. o.)

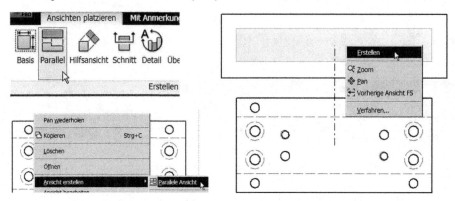

Seitenansicht mit Schnitt A-A erzeugen:

→ Draufsicht markieren – Zeichnungsansichten – Schnittansicht oder Kontextmenü (RM)

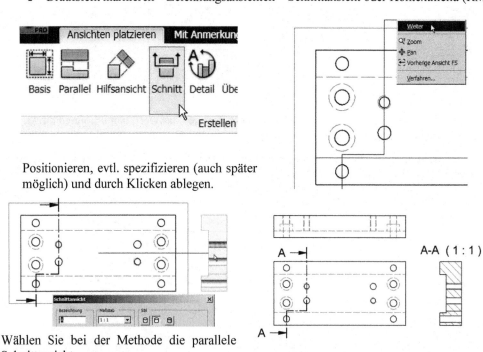

Positionieren, evtl. spezifizieren (auch später
möglich) und durch Klicken ablegen.

Wählen Sie bei der Methode die parallele
Schnittansicht.

Lösen Sie die erstellte Schnittansicht; drehen Sie sie um 90° und richten Sie die Ansicht neu
aus; das hier beschriebene manuelle Lösen ist beim Drehen allerdings nicht erforderlich!

→ Schnittansicht markieren – Kontextmenü (RM) – Ansicht bearbeiten

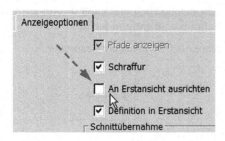

Deaktivieren Sie unter Anzeigeoptionen „**An Erstansicht ausrichten**", über die Multifunktionsleiste „Ausrichtung aufheben" oder RM auf Ansicht und Ansicht lösen.

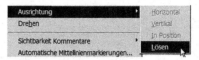

Damit ist die Ansicht frei und kann anders positioniert werden.

→ Schnittansicht markieren – Kontextmenü (RM) – Drehen (Beim Drehen wird die Ausrichtung automatisch entfernt, s. o.)

„Kamera drehen" dreht die abhängigen Ansichten mit.

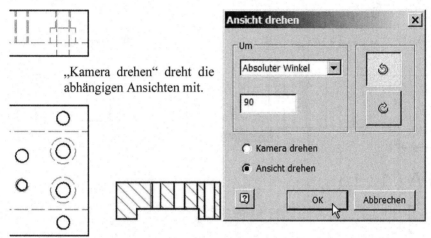

→ Schnittansicht markieren – Kontextmenü (RM) – Ausrichtung

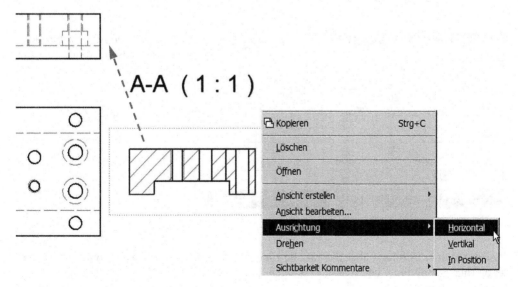

Die Anzeige der gesamten Schnittlinie ist i. d. R. nicht erforderlich und kann deaktiviert und die Sichtbarkeit der nicht normgerecht dargestellten Schnittkante entfernt werden.

➜ Kontextmenü (RM) auf zu editierende Elemente oder RM Ansicht bearbeiten

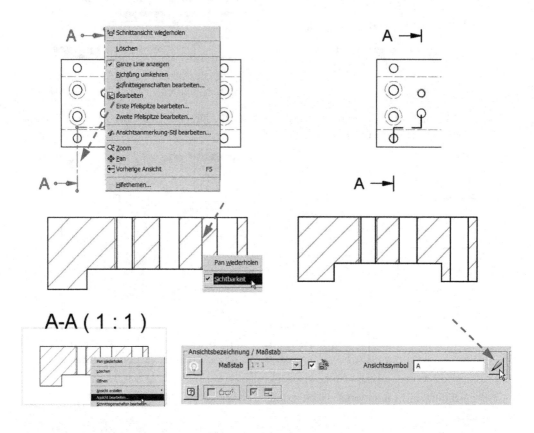

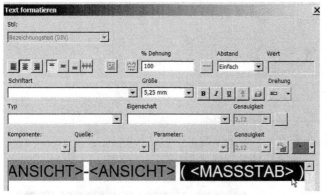

Hier können Ansichtsbezeichnung/Maßstab editiert bzw. gelöscht werden.

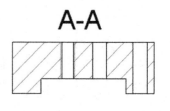

Passen Sie die Zeichnung über die auf alle Elemente anwendbaren **Kontextmenüs (RM)** weiter an (hier Schnittlinie, unerwünschte Kanten (Sichtbarkeit)!

Ausschnittansicht erzeugen:

➜ Ansichten platzieren – Skizze – Skizze erstellen

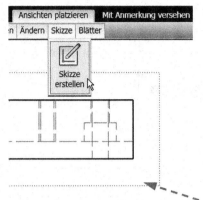

➜ Skizze – Zeichnen – geschlossenes Profil (z. B. Kreis durch Mittelpunkt)

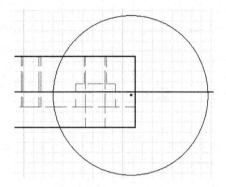

Hinweis:

Die Ansicht muss markiert sein (Ansicht anklicken), da sonst keine Verbindung zwischen Ansicht und Skizze besteht.

➜ Skizze – Beenden – Skizze fertig stellen

➜ Zeichnungsansichten – Ausschnittansicht oder Kontextmenü (RM)

Markieren Sie die Vorderansicht. Es wird automatisch die erstellte Skizze als Profil der Ausschnittansicht ausgewählt.

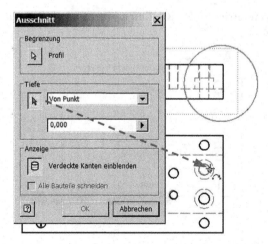

Wenn die Skizze nicht korrekt mit der Ansicht verbunden oder fehlerhaft ist, erscheint folgende Fehlermeldung. Das heißt Skizze löschen und neu erstellen oder bearbeiten.

Passen Sie die Ansicht den geltenden Normen an (Kontextmenü – RM): Linienstärke der Ausschnittlinie auf 0,25 mm und verdeckte Kanten der Stiftbohrungen ausblenden.

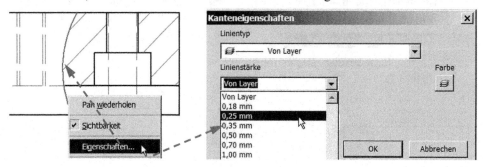

Eigenschaften bzw. Sichtbarkeit über Kontextmenü (RM) modifizieren

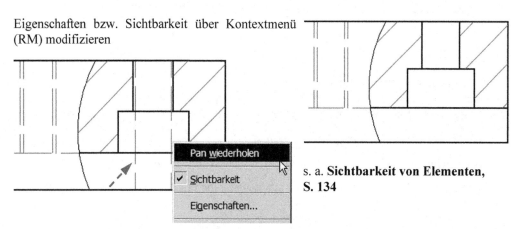

s. a. **Sichtbarkeit von Elementen, S. 134**

Symmetrie- und Mittellinien hinzufügen, Kontextmenü (s. a. **Vorlagen; S. 133**):

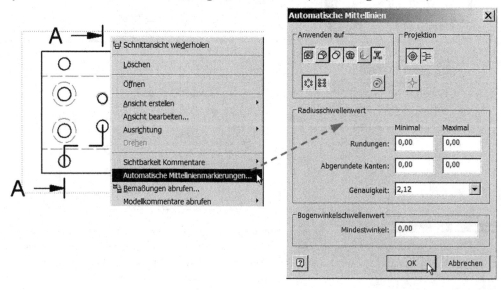

Ergebnis:

Fehlende Mittel- bzw. Symmetrielinien manuell ergänzen, für die anderen Ansichten analog vorgehen.

➜ Mit Anmerkung versehen – Symbole – Mittellinie

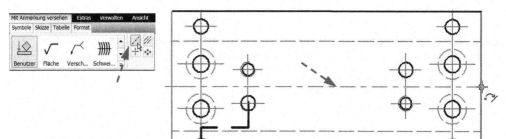

„Mittellinie" verwendet die Mittelpunkte von Objekten, „Symmetrielinie der Mittellinie" erzeugt eine Mittellinie zwischen zwei Objekten.

Bemaßung hinzufügen:

➜ Mit Anmerkung versehen – Bemaßung – Bemaßung

Über das Kontextmenü Bemaßung weiter anpassen (z. B. Toleranz- und Passungsangaben, textliche Ergänzungen, Bemaßungstyp, ...). Maß durch Verschieben positionieren (s. a. **Stileditor, S. 128** und **Bemaßungsoptionen, S. 150**).

Kontextmenü (RM) auf das Maß:

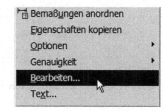

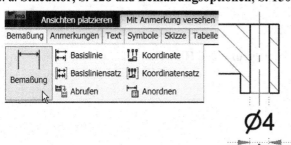

Maß durch Verschieben positionieren und Toleranz ergänzen:

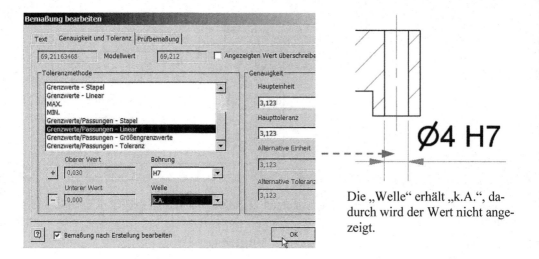

Die „Welle" erhält „k.A.", dadurch wird der Wert nicht angezeigt.

Hinzufügen von Zeichnungssymbolen, Text- und Schriftfeldangaben und Symbolen:
(Anpassungen über Klicken, Ziehen oder RM vornehmen)

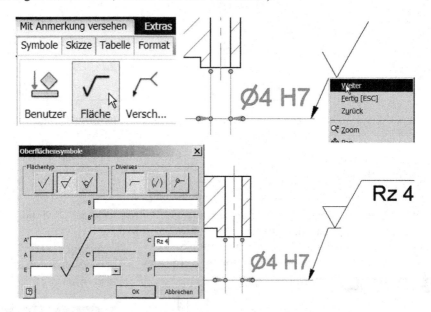

Weitere Angaben entsprechend der Vorlage und den Hinweisen im Anhang.

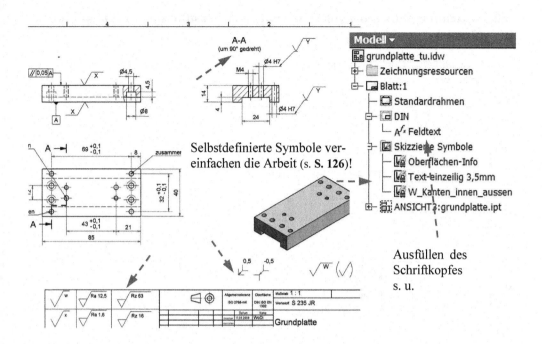

➜ Modell – Zeichnung – Blatt – DIN – Feldtext – Kontextmenü (RM) Feldtext bearbei-
    ten – Angeforderte Eingabe

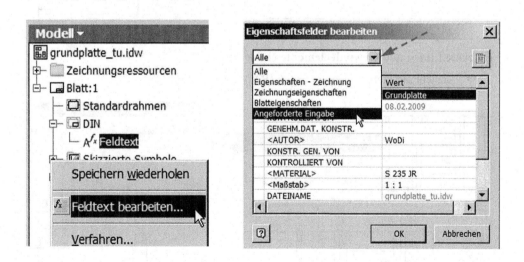

Schriftfeld und Rahmen sollten Sie den eigenen Bedürfnissen anpassen (s. **Anpassungen,
S. 126**).

1.4.2   Zeichnungsableitung von Baugruppen mit Positionsnummern und Stückliste

Neue 2D-Zeichnung öffnen, die Draufsicht als Erstansicht und die Vorderansicht als parallele Ansicht platzieren:

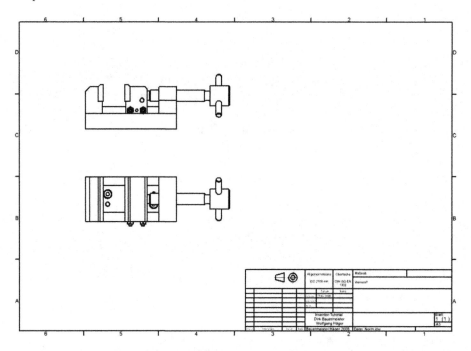

Verdeckte Linien und Gewindeelemente einblenden:

➔ Ansicht markieren – Kontextmenü (RM) – Ansicht bearbeiten

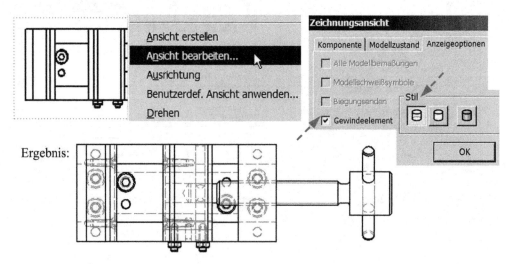

Seitenansicht mit Schnitt A-A erzeugen:

Blenden Sie in der Vorderansicht ebenfalls die Gewindeelemente ein.

→ Vorderansicht markieren – Zeichnungsansichten – Schnittansicht oder Kontextmenü

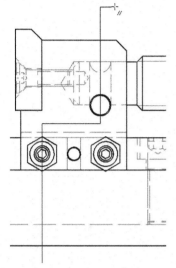

In der Vorderansicht bei der Schnittlinie „Ganze Linie anzeigen" deaktivieren

Blenden Sie in der erstellten Ansicht die Schnittkante (RM auf Kante, „Sichtbarkeit") aus. Den Maßstab 1:1 mit „Ansichtsbezeichnung bearbeiten" entfernen (s. **S. 40**).

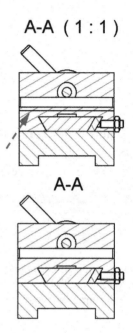

Schraffuren der Seitenansicht bearbeiten:

Die vom Inventor automatisch erzeugten Schraffuren entsprechen oft nicht der Norm und können/müssen manuell modifiziert werden.

→ Mauszeiger in die zu bearbeitende Schraffur bewegen – Kontextmenü (RM) – Bearbeiten...

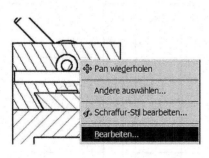

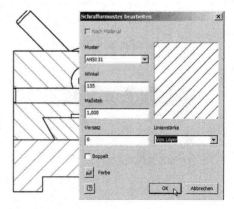

Passen Sie die weiteren Schraffuren an!

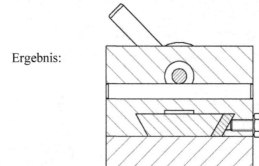

Ergebnis:

Ausschnitte in der Vorderansicht erzeugen:

➜ Vorderansicht markieren – Ansichten platzieren – Skizze – Skizze erstellen (ohne Markierung ist die Ansicht nicht mit der Skizze verknüpft!)

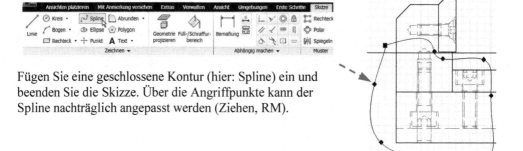

Fügen Sie eine geschlossene Kontur (hier: Spline) ein und beenden Sie die Skizze. Über die Angriffpunkte kann der Spline nachträglich angepasst werden (Ziehen, RM).

➜ Draufsicht markieren – Skizze

➜ Skizze – Zeichnen – Geometrie projizieren (hier mit Auswahlfenster, s. **Objektauswahl, S. 152**)

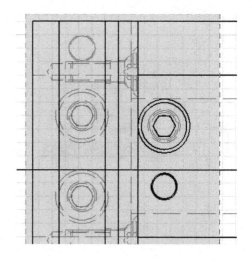

➜ Skizze – Zeichnen – Linie

Fügen Sie einen Linienzug für den
Schnittverlauf ein und beenden Sie die
Skizze.

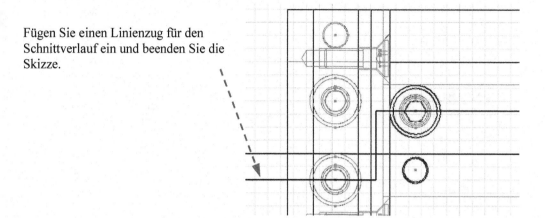

➜ Ansichten erstellen – Ändern – Ausschnitt

Markieren Sie die Vorderansicht (als Profil wird automatisch der Spline ausgewählt); als Tiefe
„**Zu Skizze**" wählen.

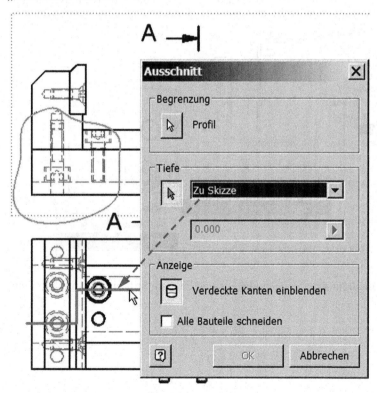

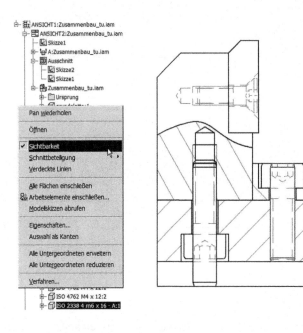

Nun die unerwünschten Normelemente (hier die Stifte, über den Browser) und Kanten (in der Ansicht) ausblenden; des Weiteren die Schraffur und die Schnittbegrenzung editieren und in der gesamten Ansicht die verdeckten Kanten ausblenden.

Fügen Sie die fehlenden drei Ausschnitte ein und bearbeiten danach die Schnittbeteiligung der Elemente:

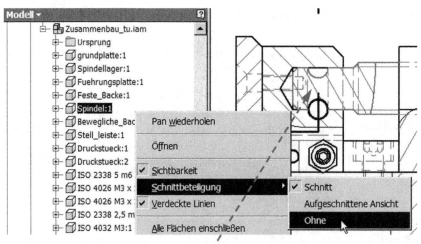

Schalten Sie die Schnittbeteiligung bei der Spindel aus und bei dem Stift ein (RM im Browser, s. nächste Seite).

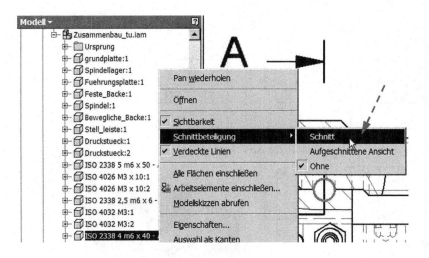

Blenden Sie die verdeckten Kanten aus (evtl. Stil aus Erstansicht deaktivieren).

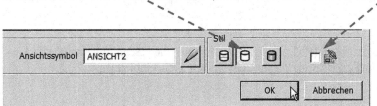

Die Sichtbarkeit von noch störenden Objekten ausblenden, so dass folgendes Ergebnis entsteht:

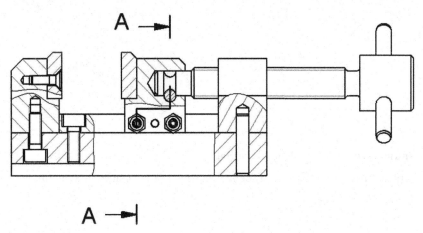

Fügen Sie die Perspektive und die Symmetrielinien in den Ansichten hinzu (s. **Browserstruktur, S. 123**).

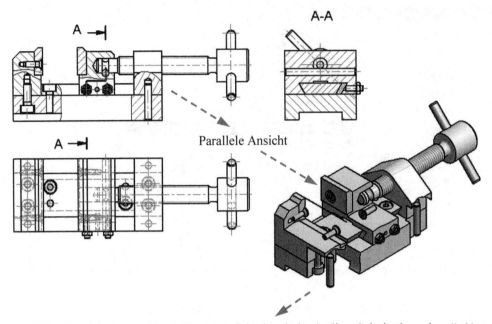

Parallele Ansicht

Danach in den Anzeigeoptionen (RM, Ansicht bearbeiten) die „Schnittübernahme" (Ausschnitt, ...) deaktivieren und im Browser die ausgeblendeten Teile einblenden.

Schnittübernahme bearbeiten:

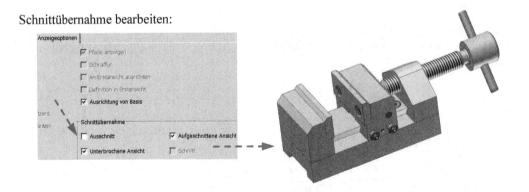

Positionsnummern und Stückliste hinzufügen:

➜ Mit Anmerkung versehen – Tabelle – Automatische Positionsnummern

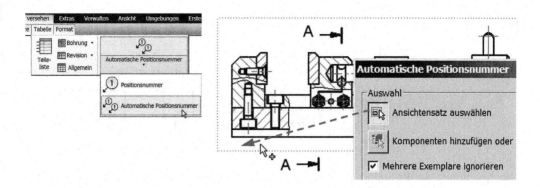

Ansichtsauswahl mit Fenster (diesen beiden Ansichten werden die automatischen Positionsnummern zugeordnet, Versatzabstand beachten!):

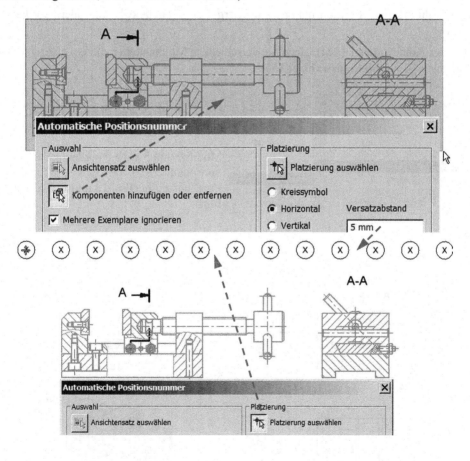

Ergebnis:

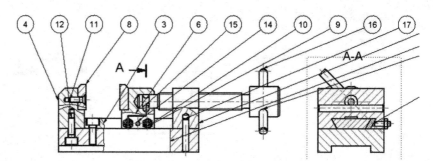

Die Anordnung der Positionsnummern kann manuell angepasst werden. Dazu markieren Sie die Positionsnummer bzw. Positionsnummern und verschieben Sie entsprechend. Die Zuordnung kann ebenfalls geändert werden, allerdings ist hier die Veränderung der Position in der Baugruppe sinnvoller (**s. Stücklistenpositionen ..., S. 116**).

Bei Auswahl mehrerer Positionsnummern die **Strg-Taste gedrückt** halten (oder über Fenster auswählen)

Mittels des Kontextmenüs (RM) haben Sie verschiedene Möglichkeiten die Positionsnummern auszurichten (s. a. **Objektauswahl, S. 152**).

Modifizieren Sie die Anordnung der Positionsnummern so, dass sich etwa folgendes Ergebnis ergibt (**Pos. 13 manuell hinzugefügt**):

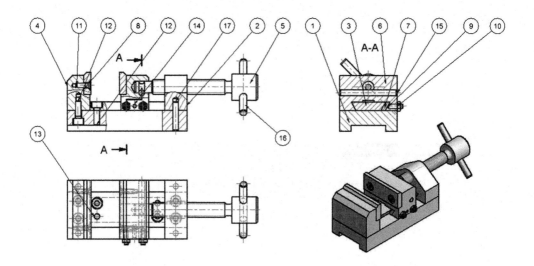

Stückliste:

Vor der Erstellung der Stückliste ist es erforderlich, die Eigenschaften der einzelnen Bauteile der Baugruppe über den Browser an die Stücklistenstruktur anzupassen (s. folgend) oder die Stückliste manuell zu bearbeiten.

➔ Bauteil markieren – Kontextmenü (RM) – iProperties

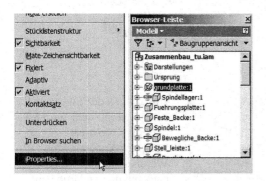 

Fügen Sie bei Bezeichnung die Benennung des Bauteiles ein (hier Grundplatte), in der Stückliste kann auch auf die Bauteilnummer (**hier entfernt**, standardmäßig der Dateiname) Bezug genommen werden, allerdings muss dann der Dateiname mit der Benennung übereinstimmen (die Anpassung kann natürlich auch im Bauteil selbst vorgenommen werden).

Sofern der Werkstoff nicht in der Materialliste enthalten ist, wechseln Sie in den Reiter „Benutzerdefiniert" und fügen Sie die Eigenschaft „Werkstoff" mit dem Wert „S 235 JR" hinzu.

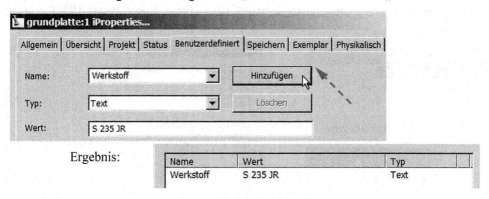

Bei den Normteilen (Bibliotheksteilen) brauchen Sie nur die benutzerdefinierte Eigenschaft „Werkstoff" (bei den Stiften) und die Eigenschaft „Festigkeit" mit dem jeweiligen Wert – hier 8.8 – (bei den Schrauben und Muttern) jeweils bei einem Exemplar hinzufügen.
Das Ändern der benutzerdefinierten Eigenschaften ist bei den Bibliotheksteilen allerdings nur über den Explorer möglich. Damit die Änderungen bei den Bibliotheksteilen nur für das jeweilige Projekt wirksam sind, sollte die Ordneroptionen im Projekt angepasst – vorher alle Inventor-Dateien schließen – werden (RM):

Der Pfad auf die Inhaltscenter-Dateien
wird hier auf das Projekt gesetzt, damit die
Änderungen nur für das aktuelle Projekt
gültig sind.

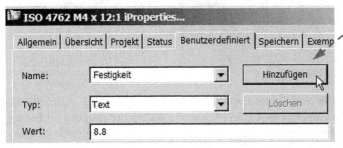

Hinzufügen der Eigenschaft
Festigkeit mit dem Wert 8.8
über den Explorer.
Bei einer Änderung des
Wertes fragt der Inventor
nach, ob die Änderung auf
die vorhandenen Teile übertragen werden soll.

Neues Blatt für die Stückliste hinzufügen:

→ Modellbrowser – Zusammenbau_tu.idw markieren – Kontextmenü (RM) – Neues
Blatt

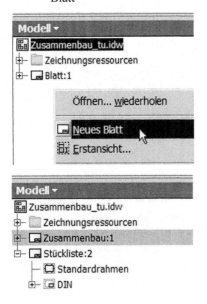

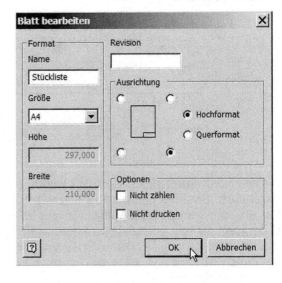

Ändern Sie das Blattformat auf A4 – Hochformat und benennen (langsamer Doppelklick, oder RM) Sie es als „Stückliste" und das Blatt: 1 als „Zusammenbau". Wechsel zwischen den Blättern mittels Doppelklick!

Teileliste hinzufügen:

➔ Mit Anmerkung versehen – Tabelle – Teileliste

Die Stückliste kann auf einem vorhandenen Blatt mit Ansichten:

➔ Mit Anmerkung versehen – Tabelle – Teileliste – Quelle – Ansicht wählen

oder auf einem leeren Blatt:

➔ Mit Anmerkung versehen – Tabelle – Teileliste – Quelle – Dokument wählen

eingefügt werden

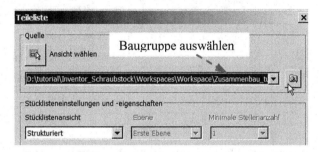

Teileliste			
OBJEKT	ANZAHL	BAUTEILNUMMER	BEZEICHNUNG
1	1		Grundplatte
2	1		Spindellager
3	1		Führungsplatte
4	1		Feste Backe
5	1		Spindel
6	1		Bewegliche Backe
7	1		Stell-Leiste
8	2		Druckstück
9	2	ISO 4026 – M3 x 10	Innensechskant-Gewinde stifte mit Kegelstumpf
10	2	ISO 4032 – M3	Sechskantmuttern, Typ 1 – Produktklasse A und B
11	4	ISO 10642 – M3 x 10	Innensechskantschraube mit Senkkopf – 1 – Produktklasse A
12	6	ISO 4762 – M4 x 12	Innensechskantschraube
13	2	ISO 2338 – 4 m6 x 16 – A	Zylinderstift
14	1	ISO 2338 – 2,5 m6 x 6 – A	Zylinderstift
15	1	ISO 2338 – 4 m6 x 40 – A	Zylinderstift
16	1	ISO 2338 – 5 m6 x 50 – A	Zylinderstift
17	4	ISO 2338 – 4 m6 x 20 – A	Zylinderstift

Erscheinungsbild der Stückliste nach dem ersten Einfügen, falls keine **angepasste Vorlagendatei** verwendet wurde (s. **Vorlagen, S. 133**).

Stückliste anpassen (zweckmäßig im Stil- und Normeneditor und in einer Vorlage speichern, s. **Anpassungen, S. 126**):

→ Doppelklick auf die markierte Stückliste oder Kontextmenü (RM) – Teileliste bearbeiten

→ Spaltenauswahl

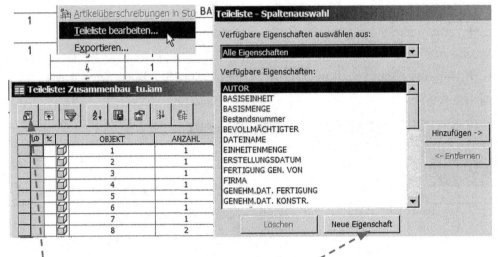

Spaltenauswahl: Neue Eigenschaft „**Werkstoff**" hinzufügen

Diese wird automatisch mit der namensgleichen, benutzerdefinierten Eigenschaft „Werkstoff" von Bauteilen verbunden.

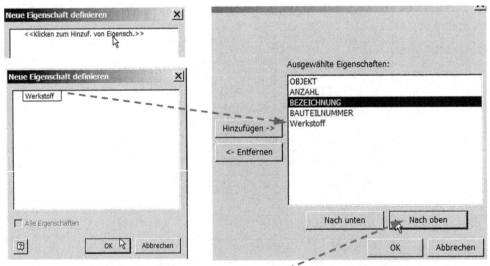

Ändern Sie noch die Reihenfolge der Einträge „Bezeichnung" und „Bauteilnummer".

Spalten formatieren und zugewiesene Inhalte modifizieren:

→ Spalte „Objekt" markieren – Kontextmenü (RM) – Spalte formatieren...

Den Header von Objekt in „Pos." Umbenennen:

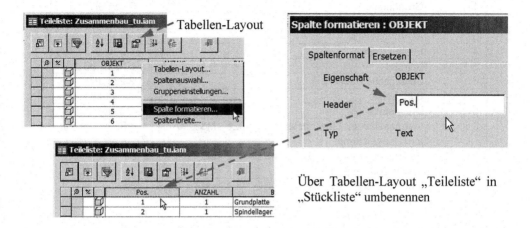

Tabellen-Layout

Über Tabellen-Layout „Teileliste" in „Stückliste" umbenennen

Benennen Sie die weiteren Spalten entsprechend der Vorlage um.

Der Spalte „**Werkstoff**" muss zusätzlich noch die benutzerdefinierte Eigenschaft „**Festigkeit**" zugewiesen werden. Das heißt, wenn bei einem Bauteil die Eigenschaft „Werkstoff" nicht vorhanden ist, soll stattdessen die Eigenschaft „**Festigkeit**" (wenn vorhanden) verwendet werden.

➔   Spalte „Werkstoff" markieren – Kontextmenü (RM) – Spalte formatieren...

Wählen Sie den Reiter „Ersetzen"; markieren Sie „Wert ersetzen"; da die Eigenschaft „Festigkeit" in der Spaltenauswahl noch nicht vorhanden ist, fügen Sie diese genauso wie die Eigenschaft „Werkstoff" hinzu und wählen Sie sie dann aus.

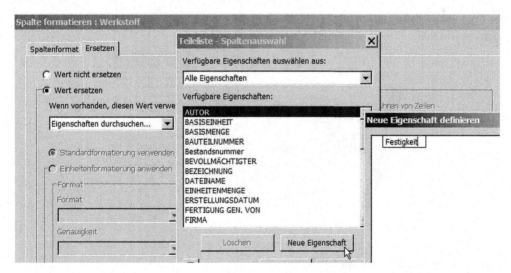

Passen Sie die Breiten der einzelnen Spalten an, so dass die Liste Platz auf dem Blatt findet (s. **Stileditor, S. 128**).

Darüber hinaus kann jeder Eintrag manuell editiert werden.

Stückliste				
Pos	Menge	Benennung	Sachnr./Normbez.	Bem./Werkstoff
1	1	Grundplatte		S 235 JR
2	1	Spindellager		S 235 JR
3	1	Führungsplatte		S 235 JR
4	1	Feste Backe		S 235 JR
5	1	Spindel		10 S20 +C
6	1	Bewegliche Backe		S 235 JR
7	1	Stell-Leiste		Cu Zn 28
8	2	Druckstück		C 45
9	2	Innensechskant-Gewindestift e mit Kegelstumpf	ISO 4026 - M3 x 10	8.8
10	2	Sechskantmuttern, Typ 1 - Produktklasse A und B	ISO 4032 - M3	8
11	4	Innensechskantschraube mit Senkkopf - 1 - Produktklasse A	ISO 10642 - M3 x 10	8.8
12	6	Innensechskantschraube	ISO 4762 - M4 x 12	8.8
13	2	Zylinderstift	ISO 2338 - 4 m6 x 16 - A	St
14	1	Zylinderstift	ISO 2338 - 2,5 m6 x 6 - A	St
15	1	Zylinderstift	ISO 2338 - 4 m6 x 40 - A	St
16	1	Zylinderstift	ISO 2338 - 5 m6 x 50 - A	St
17	4	Zylinderstift	ISO 2338 - 4 m6 x 20 - A	St

1.5   Präsentation und einfache Animationen mit dem Inventor 2011 erzeugen

Der Einfachheit halber haben wir uns bei den Ausführungen auf wenige Bauteile des Schraubstocks beschränkt.

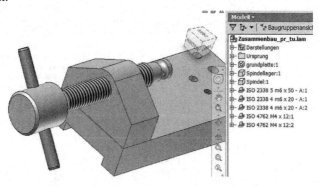

1.5.1   Anordnungsplan und Präsentation

Neue Präsentationsdatei (.ipn) öffnen:

➔   Starten – Neu – Norm.ipn (oder Pull-Down Menü)

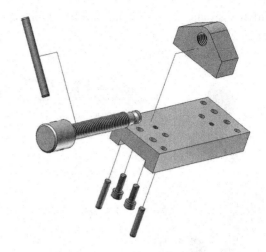

➜ Präsentation – Erstellen – Ansicht erstellen

Wählen Sie eine Baugruppe zur Erstellung
der Präsentation (Explosionszeichnung bzw.
Anordnungsplan) aus.

Komponentenpositionen ändern:

➜ Präsentation – Erstellen – Komponentenpositionen ändern

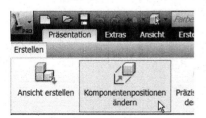

Festlegen der Transformationsparameter:
Richtung festlegen (Kante, Fläche oder Element wählen), dabei darauf achten, dass insbesondere bei „Drehung" die Achse ausgewählt wird. Danach Spindel und Stift 5 x 50 bei **Kompo-**

nenten auswählen (Spindel und Stift bewegen sich um 30 mm in Z-Richtung). Abschließend noch **bestätigen** (evtl. den Pfadursprung noch festlegen!).

Transformationen „**linear**"

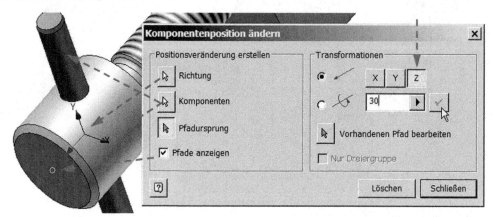

→   Präsentation – Erstellen –Komponentenpositionen ändern

Spindel und Stift 5 x 50 bei Komponenten auswählen:

Transformationen „**Drehung**"

Bei „Richtung" die Achse auswählen!

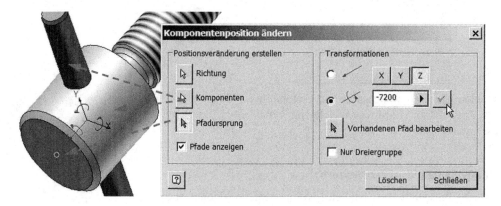

Der Drehwinkel von –7200° ergibt sich aus der Längsbewegung von 30 mm und der Gewindesteigung von 1,5 mm für das Gewinde M10. Spindel und Stift führen gemeinsam die Drehbewegung, die folgend mit der Längsbewegung kombiniert wird, aus.

→   Präsentation – Erstellen –Komponentenpositionen ändern

Stift 5 x 50 bei Komponenten auswählen:

Transformationen „linear"

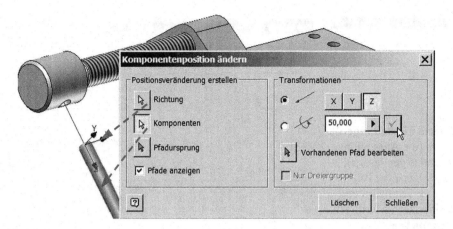

Fügen Sie die fehlenden Positionsveränderungen entsprechend der Vorlage (s. u.) hinzu.

Im Modellbrowser oder mittels Drag and Drop in der Grafik, bzw. RM oder Doppelklick auf den Bewegungspfad können die Parameter verändert werden:

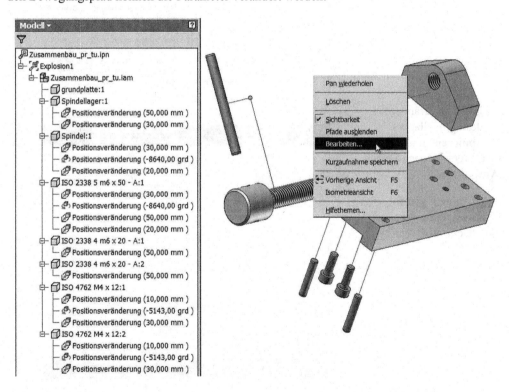

Präsentation animieren:

→   Präsentation – Erstellen – Animieren...

Erweiterte Einstellungen, aktivieren (die Animationssequenz anzeigen lassen), um nachfolgend die Reihenfolge zu verändern und um Positionsveränderungen zu „**Gruppieren**"

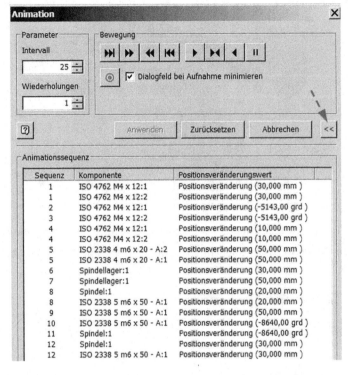

Die Positionsveränderungen des Spindellagers „**Gruppieren**" und „**Nach oben**" verschieben (danach „**Anwenden**")

In der Animation erfolgen die beiden Veränderungen nun gleichzeitig.

Passen Sie die fehlenden Positionsveränderungen wie folgt an (danach „**Anwenden**"):

Animationssequenz

Sequenz	Komponente	Positionsveränderungswert
1	Spindellager:1	Positionsveränderung (30,000 mm)
1	Spindellager:1	Positionsveränderung (50,000 mm)
2	ISO 2338 4 m6 x 20 - A:2	Positionsveränderung (50,000 mm)
2	ISO 2338 4 m6 x 20 - A:1	Positionsveränderung (50,000 mm)
3	ISO 4762 M4 x 12:1	Positionsveränderung (30,000 mm)
3	ISO 4762 M4 x 12:2	Positionsveränderung (30,000 mm)
4	ISO 4762 M4 x 12:1	Positionsveränderung (-5143,00 grd)
4	ISO 4762 M4 x 12:2	Positionsveränderung (-5143,00 grd)
4	ISO 4762 M4 x 12:1	Positionsveränderung (10,000 mm)
4	ISO 4762 M4 x 12:2	Positionsveränderung (10,000 mm)
5	ISO 2338 5 m6 x 50 - A:1	Positionsveränderung (50,000 mm)
6	Spindel:1	Positionsveränderung (20,000 mm)
6	ISO 2338 5 m6 x 50 - A:1	Positionsveränderung (20,000 mm)
7	ISO 2338 5 m6 x 50 - A:1	Positionsveränderung (-8640,00 grd)
7	Spindel:1	Positionsveränderung (-8640,00 grd)
7	Spindel:1	Positionsveränderung (30,000 mm)
7	ISO 2338 5 m6 x 50 - A:1	Positionsveränderung (30,000 mm)

Die Präsentationsdatei kann als Video (in verschiedenen Formaten) aufgezeichnet und in Zeichnungsableitungen verwendet werden (z. B. als Montageplan, s. **Explosion1_1.avi**). Animationen und Bilder können allerdings erheblich anschaulicher, flexibler und mit höherer Qualität im Inventor-Studio erzeugt werden (s. **Animation mit dem Inventor-Studio, S. 75**). Über den Parameter Intervall kann die Zeitdauer der Animation verändert werden. Allerdings lässt sich die Zeitdauer nur für alle Vorgänge insgesamt verändern, so dass realistische Abläufe nur schwierig darzustellen sind.

1.5.2 Bewegung von Bauteilabhängigkeiten in Baugruppen

Simulation eines Bewegungsvorganges (Abhängigkeit animieren), hier die Drehbewegung der Spindel.
Um die erforderliche Dreh- mit der Längsbewegung zu kombinieren, muss zwischen Winkel und Spindelbewegung ein Zusammenhang hergestellt werden. Dazu wird in der Parameterliste ein Funktionszusammenhang zwischen dem Winkel der Spindel und der Position in Achsrichtung hergestellt:

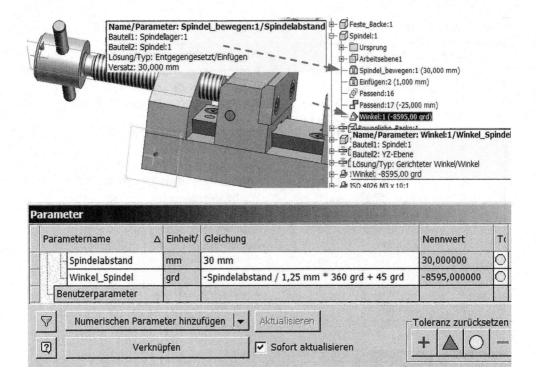

Der Drehwinkel der Spindel („Winkel_Spindel") ergibt sich aus dem Abstand der Spindel („Spindelabstand") dividiert durch die Gewindesteigung (hier 1,25 mm) multipliziert mit 360° pro Umdrehung. Der Summand 45° legt den Ausgangswinkel fest. Dadurch wird bei der Animation über die Abhängigkeit „Einfügen_bewegen" gleichzeitig die Winkelstellung der Spindel verändert; das Vorzeichen legt die Drehrichtung fest.

Damit bei der Animation die Komponenten nicht ineinanderlaufen gibt es im Inventor die Option „Kontaktsatz". Dabei müssen die Komponenten, die sich bei der Animation nicht durchdringen dürfen, mit einem **Kontaktsatz** (RM auf Bauteil) versehen werden.

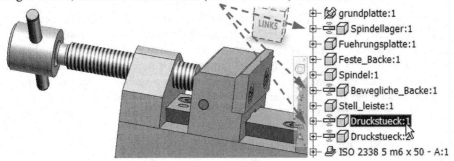

Abhängigkeit animieren:

→   Abhängigkeit markieren – Kontextmenü (RM) – Bauteil nach Abhängigkeiten bewegen

Damit der Kontaktsatz wirksam ist, ist es erforderlich, unter „Extras" die Option „Kontaktlöser aktvieren" zu aktivieren. Das Werkzeug Kontaktsatz/Kontaktlöser erkennt Kollisionen zwischen den ausgewählten Komponenten und kann ebenfalls für Bewegungssimulationen (z. B. Kurvengetriebe) verwendet werden. Diese Funktion steht allerdings im Inventor-Studio nicht zur Verfügung.

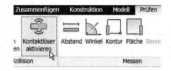

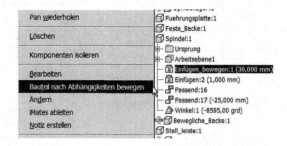

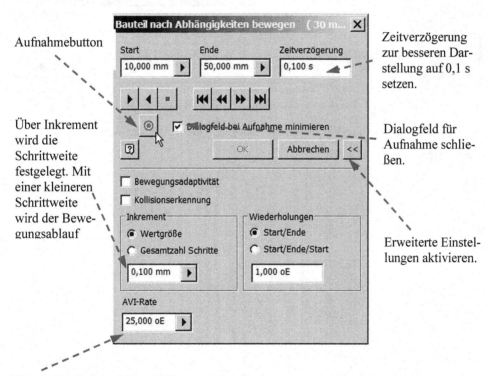

Aufnahmebutton

Zeitverzögerung zur besseren Darstellung auf 0,1 s setzen.

Über Inkrement wird die Schrittweite festgelegt. Mit einer kleineren Schrittweite wird der Bewegungsablauf

Dialogfeld für Aufnahme schließen.

Erweiterte Einstellungen aktivieren.

AVI-Rate gibt die Anzahl der Bilder pro Sekunde an.

Starten Sie die Animation.

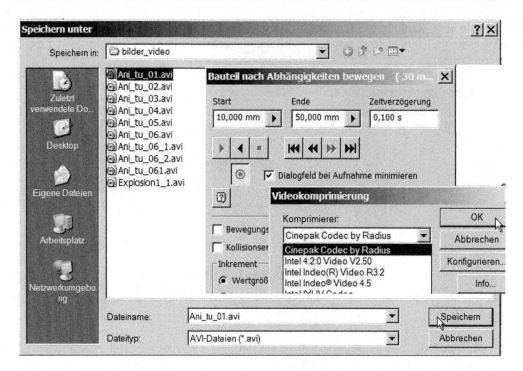

Verzeichnis, Dateiname und Video-Format festlegen, Video-Codec auswählen:

Ergebnis siehe **Ani_tu_01.avi**

1.6   Arbeiten mit dem Inventor-Studio

Mit der Anwendung „Inventor-Studio" ist die Erstellung vielfältiger fotorealistischer Darstellungen und Videosequenzen von Objekten möglich.

Oberflächen können mit verschiedensten Materialstrukturen oder auch mit Bildern belegt werden. Verschiedene Szenenstile, Kameraeinstellungen und Beleuchtungen sind wähl- und einstellbar.

Neben Bauteilanimationen (z. B. Ein- oder Ausblenden von Komponenten) können auch Kamerafahrten als Film aufgenommen werden.

1.6.1   Bilder mit dem Inventor-Studio rendern

Inventor Studio aktivieren:

Ändern Sie in der Projektverwaltung „Stilbibliothek verwenden" auf „**schreibgeschützt**" (**alle Dateien vorher schließen!**) und öffnen dann die Baugruppendatei .iam des Schraubstocks.

➜   Umgebungen – Beginnen – Inventor Studio

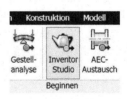

Beleuchtungsstil auswählen:

➜   Inventor Studio – Szene – Beleuchtungsstile

Wählen Sie z. B. die Blauton-Beleuchtung aus (RM, Aktiv).

Zoomen Sie den Schraubstock, so dass die Beleuchtungsquellen sichtbar werden.

➜   Navigationsleiste – Alles zoomen (Fenster Beleuchtungsstile muss **geöffnet** sein!)

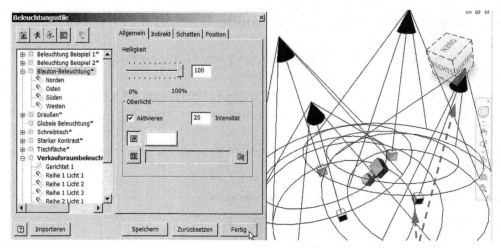

Positionsveränderung durch Drag and Drop

Modifikation:

Die Position und die
Eigenschaften der einzel-
nen Beleuchtungsquellen
lassen sich nach Auswahl
(anklicken) variieren.

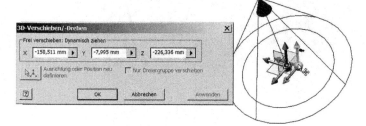

Der Beleuchtungsstil kann in vielfältiger Weise noch angepasst werden.
Zoomen Sie den Schraubstock wieder zurück und aktivieren Sie die Blauton-Beleuchtung.

→ Kontextmenü (RM) – Aktiv

Bild rendern:

→ Rendern – Rendern – Bild rendern(dabei auf den roten Begrenzungsrahmen achten!)

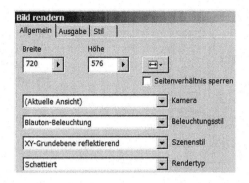

Bild oben: Hier können die Qualität, die Bildgröße, die Art und Weise der Darstellung, das Bildformat (z. B. jpg) und der Speicherort eingestellt werden.

Probieren Sie die verschiedenen Möglichkeiten aus:

Hintergrundbilder, Beleuchtungsstile, Szenenstil variieren
Als Ergebnis des Renderprozesses erhalten Sie eine Ausgabe, die dem nebenstehenden Bild des Schraubstocks mehr oder weniger ähnelt (hier ist die bewegliche Backe ausgeblendet).

Neuen Szenenstil erstellen:

➔ Rendern – Szene – Szenenstile

➔ Szenenstile – Neuer Stil

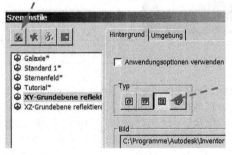

Wählen Sie ein Hintergrundbild aus.

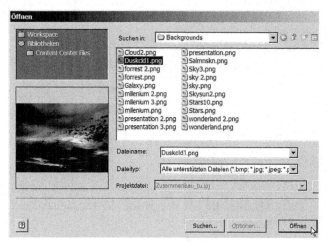

Neben den standardmäßig vorhandenen Grafiken können natürlich auch eigene Dateien verwendet werden, die im Projektarbeitsbereich abgelegt sind.

Unter Szenenstile können im Reiter „**Umgebung**" noch Anpassungen vorgenommen werden:

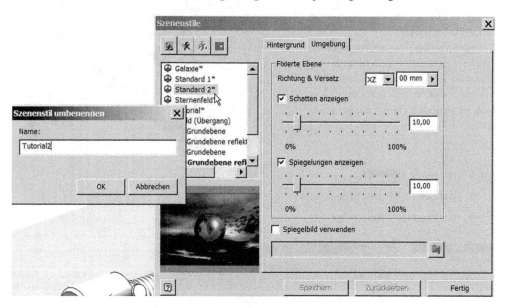

Benennen Sie den neuen Szenenstil (hier Standard 2*) in z. B. „Tutorial2" (Kontextmenü RM– Szenenstil umbenennen) um und aktivieren ihn (Kontextmenü RM– Aktiv markieren). Rendern Sie das Bild unter Verwendung des Szenenstil „Tutorial" und speichern es als „.jpg" ab.

Variieren Sie die Beleuchtungs- und Szenenstile um das Erscheinungsbild zu verändern.

1.6.2 Animationen mit dem Inventor-Studio erzeugen

Der Einfachheit halber haben wir uns bei den Ausführungen auf dieselbe Teil-Baugruppe wie bei der Präsentation (s. **Präsentation und einfache Animationen, S. 62**) des Schraubstocks beschränkt.

Fügen Sie die unter 1.5.2 (s. **Bewegung von Bauteilabhängigkeiten, S. 67**) verwendete Abhängigkeit (Bewegung) hinzu und wechseln Sie in die Anwendung Inventor Studio.

Einem Bauteil oder einer Baugruppe können mehrere verschiedene Animationen zugeordnet werden. Die Animationen werden im Browser angezeigt, wenn keine weiteren Animationen vorhanden sind, ist standardmäßig Animation 1 aktiv.

Sie können weitere Animationen hinzufügen und vorhandene löschen bzw. umbenennen.

Animationsablaufprogramm anzeigen und Animationsparameter modifizieren:

→ Rendern – Animieren – Animationsablaufprogramm

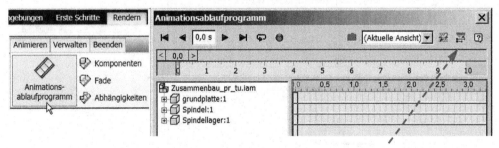

Zeigen Sie den Vorgangseditor an.

Stellen Sie die Animationsdauer unter Animationsoptionen so ein, dass es der gewünschten Animationsdauer entspricht, z. B. auf 10 s. (beim Rendern sollte beachtet werden, dass dafür sehr viel Zeit – Rechenleistung – erforderlich ist):

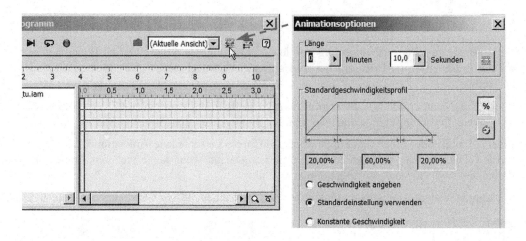

a) Abhängigkeiten animieren

Wählen Sie die Abhängigkeit „**Einfügen**" der Spindel aus.

→ Rendern – Animieren – Abhängigkeiten (hierbei muss die Abhängigkeit noch explizit ausgewählt werden) oder Abhängigkeit im Browser auswählen – Kontextmenü (RM) – Abhängigkeiten animieren

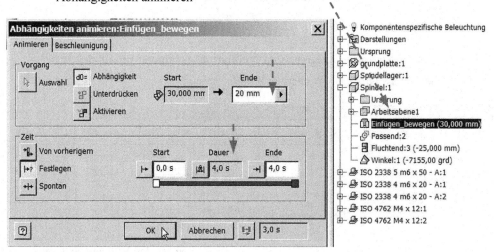

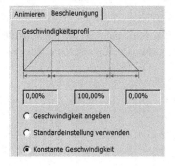

Vorgangsende (hier 20 mm) und Zeit (hier 4 s) über Start, Dauer oder Ende festlegen.

Über den Reiter Beschleunigung kann der Geschwindigkeitsverlauf des Bewegungsvorganges angepasst werden.

Die Position auf der Zeitachse lässt sich durch numerische Eingabe (1), Schieberegler (schrittweise, 2) und die aktuelle Zeitmarkierung (3) verändern bzw. festlegen.

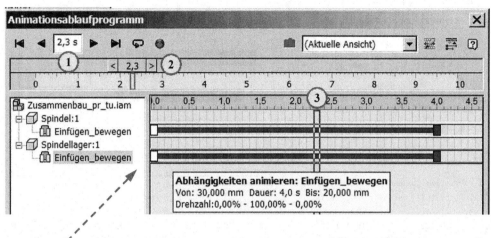

Das Ergebnis im Animationsbrowser.

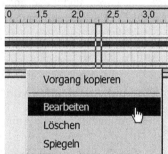

Der Vorgang wird bei den beteiligten Komponenten angezeigt und kann über Kontextmenü (RM) editiert werden.

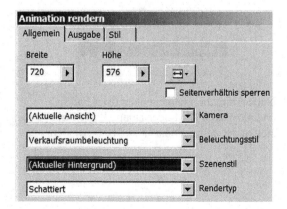

Andere Abhängigkeiten können analog animiert werden (z. B. Positionsabhängigkeiten).

→ Rendern – Rendern – Animation rendern und Renderoptionen festlegen

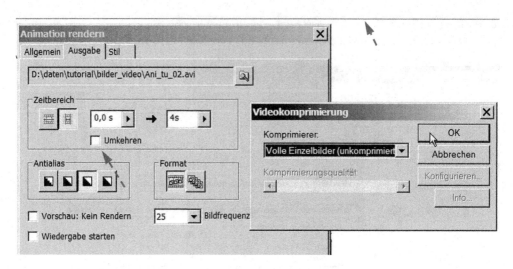

Zeitbereich festlegen (Rendern erfordert einen hohen Rechenaufwand!), Objekt im Ausgabe-fenster in Größe und Lage positionieren (farbiger Rahmen), Video- und Ansichts-Optionen auswählen. „**Umkehren**" ermöglicht das Rückwärtsablaufen der Animation.

Animation als AVI speichern, damit es für Präsentationsfilme zur Verfügung steht (s. **Ani_tu_02.avi**).

b) Ein- und Ausblenden von Objekten (Fade)

➔   Animation – Neue Animation (Kontextmenü, RM)

Neue Animation umbenennen (hier Fade) und aktivieren (RM oder Doppelklick). Ein-stellen der Animationszeit auf 10 Sekunden.

Ausblenden der Bauteile (außer Grundplatte): Bauteile markieren „Rendern –Animieren – Fade" oder RM „Fade animieren".

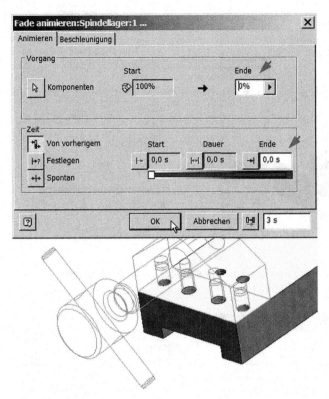

Um zu Beginn alle ausgewählten Bauteile auszublenden, muss unter Einstellungen bei Vorgang „Ende 0%" und bei Zeit „Start, Dauer, Ende 0,0 s" eingestellt werden.

Ergebnis im Vorgangseditor des Animationsablaufprogramms:

Alle ausgewählten Objekte werden zum Zeitpunkt „0" ausgeblendet.

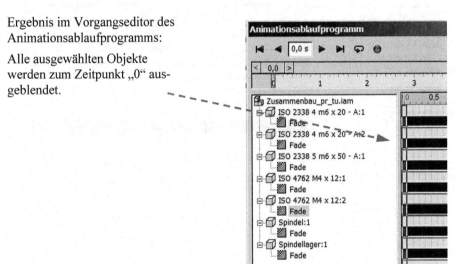

Neuer Vorgang Fade Animieren: RM auf Bauteil (hier das Spindellager) oder Abhängigkeit in der Browserleiste oder der Animationsleiste, bzw. über Schaltflächenleiste (Optionen siehe Abbildung)

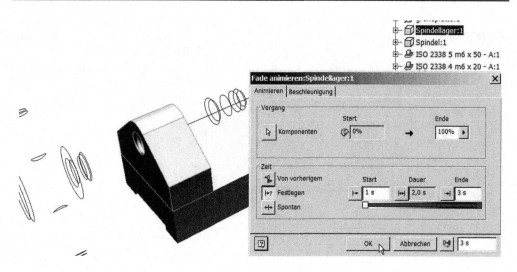

Das Spindellager wird in dem Zeitraum zwischen 1 und 3 s eingeblendet (die Anzeige der anderen Animationsdarstellungen sind ausgeblendet):

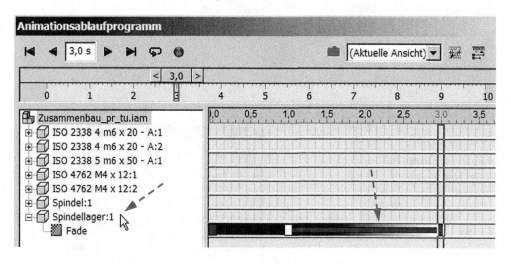

Übrige Teile wie folgend dargestellt einblenden (s. **Ani_tu_03.avi**):

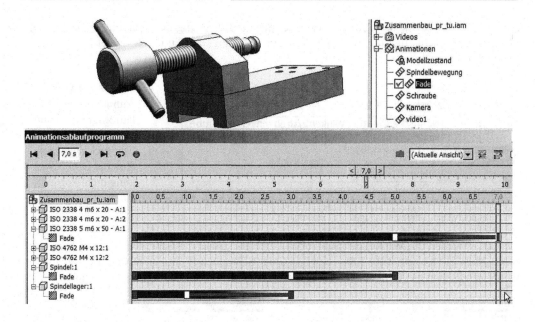

c) Deaktivieren und Aktivieren von Abhängigkeiten

Abhängigkeiten können deaktiviert werden, damit sie bei der Animation nicht zu störenden Effekten führen. Zum Beispiel sollte beim Einfügen einer Schraube die Drehung/Translation (evtl. noch ergänzen) erst nach Annäherung an das Bauteil erfolgen (s. **Ani_tu_04.avi**):

➔ Animation – Neue Animation (Kontextmenü, RM)

Neue Animation umbenennen (hier Schraube) und aktivieren

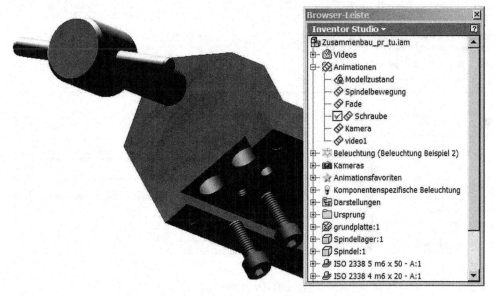

Analog zur Bewegung der Spindel muss auch für die Bewegung der Schrauben eine Winkelabhängigkeit hinzugefügt und mit der jeweiligen Abhängigkeit „Einfügen" in der Parameterliste verknüpft werden.

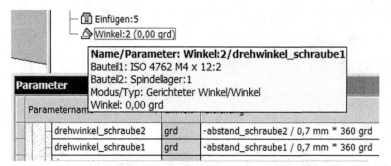

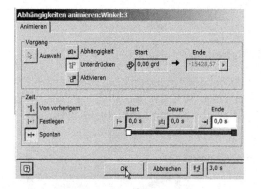

Beim Abspielen der Animation im Ablaufprogramm kann vermeintlich der Eindruck entstehen, dass die Drehbewegung nicht korrekt abläuft.

Bei „0" s werden die Winkel der Schrauben unterdrückt und die Schrauben 30 mm herausbewegt. Nach „1" s beginnt die Längsbewegung der Schrauben Richtung Werkstück. Nach „3" s werden zusätzlich die Winkel aktiviert und der verbleibende Schraubenweg zurückgelegt.

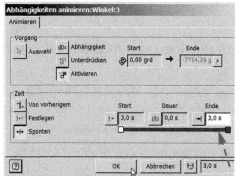

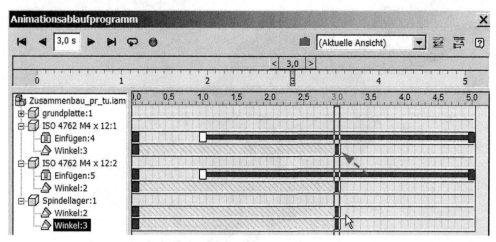

Für das Aktivieren (RM auf Abhängigkeit) der Abhängigkeit den Schieber der Zeitleiste in die gewünschte Position bringen oder die Zeit bei „Ende" eingeben.

d) Kamera hinzufügen und Objektposition verändern

Zur besseren Anschaulichkeit der Animationsabläufe kann die Objektposition zur Kamera verändert und weitere Kameras hinzugefügt werden.

→ Rendern – Szene – Kamera

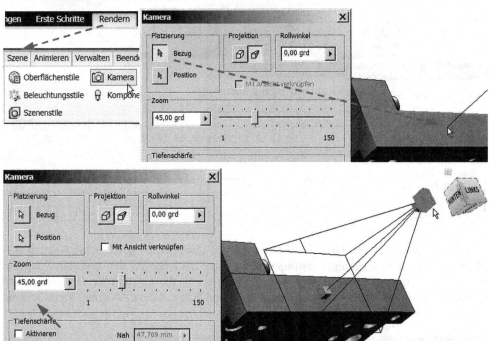

Bezugsfläche auswählen und Kameraposition durch Ziehen (dafür die Kamera nicht anklicken, sondern nur mit der Maus ziehen und an der gewünschten Position durch Klicken ablegen) oder durch Festlegung über „X-", „Y-" und „Z-Position" bestimmen: (RM auf Kamera oder Kamera anklicken bei geöffneten Bearbeitungsfenster), „Verschieben"), danach „Ausrichtung oder Position neu definieren" anklicken.

Im Animationsablaufprogramm die neu definierte Kamera auswählen.

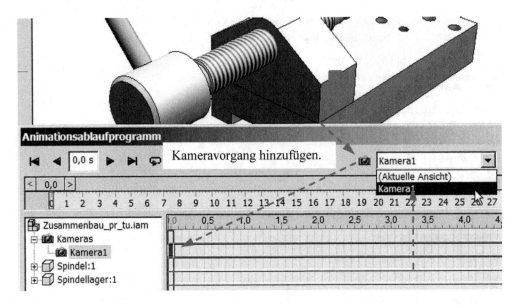

Objekt in Ausgangsansicht (Drehen/Zoomen) bringen (hier bei 0s) gewünschte Kamera auswählen und „**Kameravorgang hinzufügen**" anklicken. Zeitleiste auf den nächsten Zeitpunkt
(hier 1 s) positionieren. Drehen aktivieren und Objekt in die gewünschte Position drehen
und/oder zoomen, „**Kameravorgang hinzufügen**" anklicken. Dieser Vorgang kann beliebig
oft wiederholt werden (hier fünfmal).

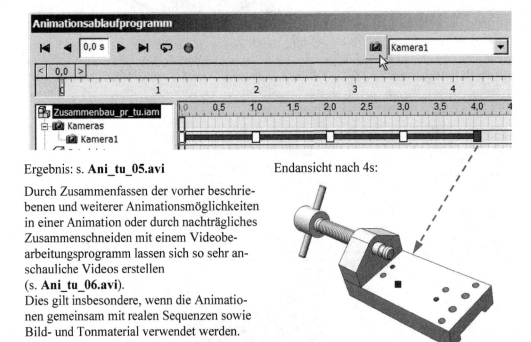

Ergebnis: s. **Ani_tu_05.avi**   Endansicht nach 4s:

Durch Zusammenfassen der vorher beschrie-
benen und weiterer Animationsmöglichkeiten
in einer Animation oder durch nachträgliches
Zusammenschneiden mit einem Videobe-
arbeitungsprogramm lassen sich so sehr anschauliche Videos erstellen
(s. **Ani_tu_06.avi**).
Dies gilt insbesondere, wenn die Animationen gemeinsam mit realen Sequenzen sowie
Bild- und Tonmaterial verwendet werden.

1.7 Steuerung von Parametern über Tabellen

Über die Modifikation von Parametern lassen sich auf einfache Weise Varianten von Bauteilen bzw. Baugruppen erzeugen. Dabei kann auf die Verknüpfungs- und Rechenfunktionen der Tabellenkalkulationsprogramme zurückgegriffen werden. Die Erstellung der Steuerungstabelle kann mit verschiedenen Tabellenkalkulationsprogrammen (MS EXCEL, OpenOffice Calc, Libre Office Calc, ...) erfolgen, muss aber zwingend im MS-Excel Format (.xls) abgespeichert werden.

Zwischen den einzelnen Parametern in der Tabelle darf keine leere Datenzelle sein.

Wie bereits unter 1.5 und 1.6 haben wir uns bei den weiteren Ausführungen auf wenige Bauteile und Parameter beschränkt.

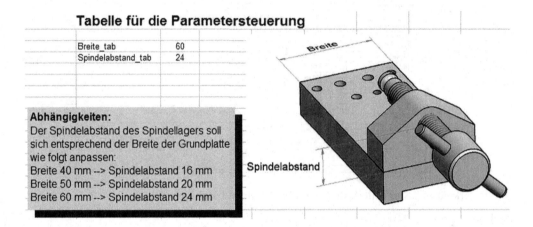

Aufbau der Steuerungstabelle:

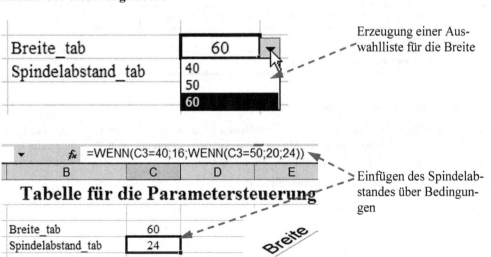

Erzeugung einer Auswahlliste für die Breite

Einfügen des Spindelabstandes über Bedingungen

Verknüpfen der Steuerungstabelle mit den Parameterlisten der Bauteile:

Öffnen Sie die vereinfachte Baugruppe (Zusammenbau_tab_tu.iam) und die zugehörigen Bauteildateien der Grundplatte und des Spindellagers (Grundplatte_tab.ipt und Spindellager_tab.ipt).

Für die Verknüpfung der Parameter mit der Steuerungstabelle ist es erforderlich, die Parameterlisten der Bauteile zu öffnen (Verwalten – Parameter...) und jeweils wie folgt mit der Steuerungstabelle zu verknüpfen.

Beim Einbetten wird die Tabelle Bestandteil der Inventordatei und muss damit bei Veränderungen des Speicherortes nicht explizit weitergeben werden

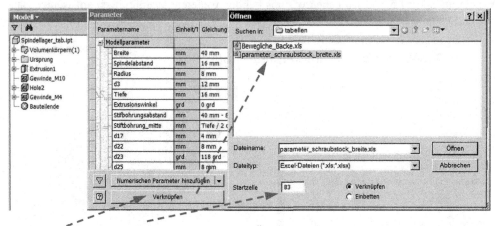

Tabelle verknüpfen, Startzelle festlegen und mit Öffnen bestätigen

Ergebnis:

Benutzerparameter		
D:\tutorial\tabellen\parameter_schraubstock_breite.xls		
Breite_tab	mm	60 mm
Spindelabstand_tab	mm	24 mm

Gleichungen der Parameterlisten anpassen:

Listen Sie in der Spalte Gleichungen der betroffenen Modellparameter die Parameter auf (auf Pfeil klicken, danach Kontextmenü RM). Wählen Sie den entsprechenden Parameter aus und verbinden Sie ihn bei Bedarf mit einer Funktion (s. **S. 136**).

Zuweisung der Breite beim Bauteil Spindellager:

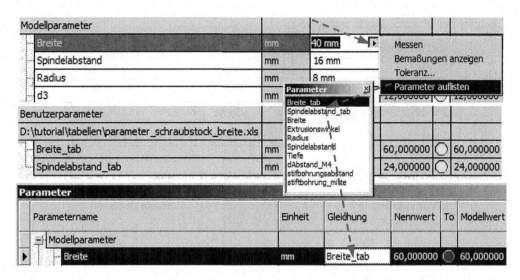

Modellparameter				
Breite	mm	40 mm		Messen
Spindelabstand	mm	16 mm		Bemaßungen anzeigen
Radius	mm	8 mm		Toleranz...
d3	mm		12,000000	Parameter auflisten

Parameter

Breite_tab
Spindelabstand_tab
Breite
Extrusionswinkel
Radius
Spindelabstand
Tiefe
dAbstand_M4
stifbohrungsabstand
stiftbohrung_mitte

Benutzerparameter				
D:\tutorial\tabellen\parameter_schraubstock_breite.xls				
Breite_tab	mm		60,000000	○ 60,000000
Spindelabstand_tab	mm		24,000000	○ 24,000000

Parameter					
Parametername	Einheit	Gleichung	Nennwert	To	Modellwert
Modellparameter					
▶ Breite	mm	Breite_tab	60,000000	○	60,000000

Damit wird dem Parameter Breite der Wert von Breite_tab der Tabelle parameter_schraubstock_breite.xls zugewiesen.

Damit die neuen Werte wirksam werden, muss die **Tabelle gespeichert**, die Bauteildatei und die Baugruppendatei **aktualisiert** werden (Shortcut oder Verwalten – Aktualisieren).

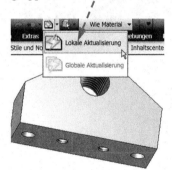

Ergebnis (Stiftbohrungen und Spindelabstand noch nicht angepasst!):

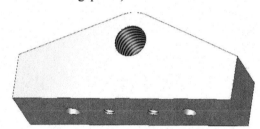

Zuweisung der weiteren Parameter beim Bauteil Spindellager:

Modellparameter			
Breite	mm	Breite_tab	60,000000
Spindelabstand	mm	Spindelabstand_tab	24,000000
Stifbohrungsabstand	mm	Breite_tab - 8 mm	52,000000
Abstand_M4	mm	Breite_tab - 28 mm	32,000000
Benutzerparameter			
D:\tutorial\tabellen\paramet...			
Breite_tab	mm	60 mm	60,000000
Spindelabstand_tab	mm	24 mm	24,000000

Gehen Sie bei der Grundplatte analog vor:

Modellparameter			
Breite	mm	Breite_tab	60,000000
Nutbreite	mm	Breite_tab - 16 mm	44,000000
Bohrungsmittenabstand_4H7	mm	Breite_tab - 8 mm	52,000000
Bohrungsabstand_Senkung	mm	Breite_tab - 28 mm	32,000000

Als Ergebnis erhalten Sie für die Baugruppe verschiedene Varianten:

Variante Breite 40   Variante Breite 60

2 Weiterführende Erklärungen

In diesem Kapitel sollen Strukturen und Funktionalitäten beschrieben werden, die uns für ein tieferes Verständnis notwendig erscheinen.

Dazu gehören unter anderem die Arbeit mit Projekten und die Bedeutung von Abhängigkeiten. Des Weiteren widmen wir uns im größeren Umfang der Bedeutung von Parametern und der Möglichkeit Parameter zu verknüpfen und diese dann mit Tabellen zu steuern. Dargestellt werden exemplarisch die Verwendung von Arbeitselementen (Ebenen und Achsen), Modifikationen in der Entstehungsstruktur von Bauteilen und die Verwendung von Querschnitten.

Wir gehen auf die Bedeutung des Inhaltscenters und die Übertragung von Inventordateien unter Einschluss von Bibliothekselementen (Pack and Go) ein.

Einen größeren Anteil nimmt abschließend der Bereich der Zeichnungsableitung ein. Hier geht es unter anderem um den Aufbau der Browserstruktur, die Erzeugung und Verwendung von Symbolen, die Verwendung und Anpassung von Vorlagen, Schriftfelder und Rahmen und den Möglichkeiten, mit dem Stil- und Normen-Editor Anpassungen vorzunehmen.

2.1 Inventor-Dateitypen

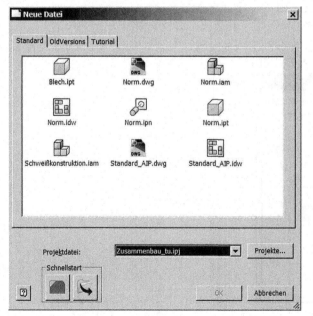

Ipt : inventor part file

iam: inventor assembly model

idw: inventor drawing file

ipn : inventor presentation file

dwg: drawing (AutoCad Vektorformat für Zeichnungen)

Im Inventor werden die folgenden Datentypen verwendet:

- 3D-Bauteilmodelldaten sind in einer Datei mit der Erweiterung .ipt enthalten.
- 3D-Baugruppenmodelldaten sind in einer Datei mit der Erweiterung .iam enthalten.

- Die Daten von 2D-Zeichnungen sind in einer Datei mit der Erweiterung .idw oder .dwg enthalten.

- Präsentationsdateien (.ipn), die Definitionen für Explosionsansichten einer Baugruppe und für spezielle Ansichten von Baugruppen enthält (s. **S. 62**).

- iFeature-Dateien (.ide), die iFeatures-Definitionen enthalten.

Die unter „**Datei neu...**" angebotenen Vorlagendateien (z. B. Norm.idw, Norm.ipt, ...) können den eigenen Bedürfnissen angepasst bzw. die Auswahl durch eigene Ordner (Reiter, hier: Tutorial) ergänzt werden (s. **Anpassungen, S. 126**).

2.2   Skizzen

Skizzen bilden die Grundlage bei der Erzeugung von Bauteilen. Beim Inventor kommen zwei Skizzentypen zum Einsatz, die 2D- und 3D-Skizze.

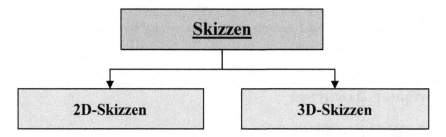

Skizzenursprung:

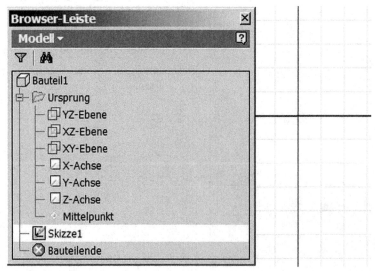

Fester und dauerhafter Bestandteil jeder Skizze ist der Ursprung. Er besitzt keine übergeordneten Elemente und kann nicht gelöscht werden. Die Ursprungsgeometrie sollte immer als Bezugsmöglichkeit für die Positionierung der Geometrien genutzt Verwendung finden (Geometrie projizieren).

2.3 Abhängigkeiten

Beim Inventor kommen zwei Gruppen von Abhängigkeiten zum Einsatz, die Skizzen- und die Baugruppenabhängigkeiten.

2.3.1 Skizzenabhängigkeiten

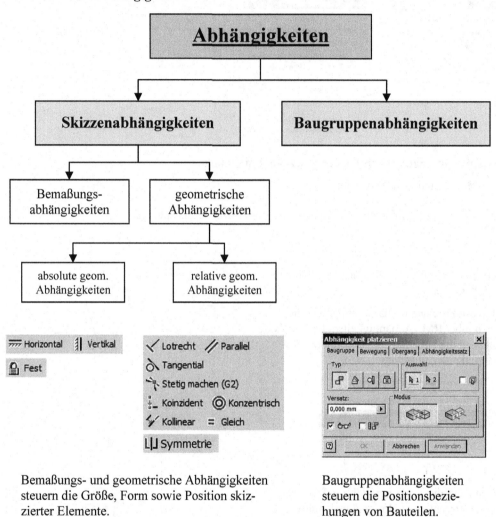

Bemaßungs- und geometrische Abhängigkeiten steuern die Größe, Form sowie Position skizzierter Elemente.

Baugruppenabhängigkeiten steuern die Positionsbeziehungen von Bauteilen.

Bevor Bemaßungsabhängigkeiten festgelegt werden, sollte die Skizze über geometrische Abhängigkeiten soweit wie möglich bestimmt werden. Eine geometrisch eindeutig bestimmte Skizze wird im **Skizziermodus schwarz** angezeigt und sollte immer das Endergebnis sein.

Automatische Skizzenabhängigkeiten:

Standardmäßig werden automatisch bestimmte Abhängigkeiten bei der Erstellung einer Skizzengeometrie vergeben. Dies kann während der Erzeugung einer Skizze mittels der **Strg-Taste unterdrückt** oder in den Anwendungsoptionen (Extras – Anwendungsoptionen – Skizze) modifiziert werden.

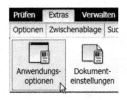
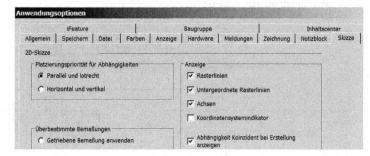

Beispiel automatisch vergebener Skizzenabhängigkeiten:

➜ Starten – Neu – Bauteil

➜ Skizze – Geometrie projizieren (X- und Y-Achse auswählen)

➜ Skizze – Linie

Klicken Sie mit der linken Maustaste in den Zeichenbereich.

Bewegen Sie den Mauszeiger nach rechts oben; über RM „Abhängigkeitsoptionen" lassen sich die automatisch verwendeten Abhängigkeiten einstellen:

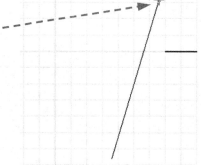

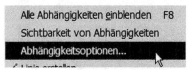

Wenn Sie die Linie parallel zur Senkrechten und Lotrecht zur Horizontalen führen, erscheinen Indikatoren.

Legen Sie die Linie ab.

Diese Linie kann nun nur noch senkrecht bleiben.

Verschieben Sie die Linie.

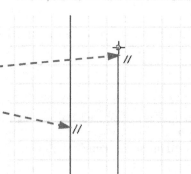

Skizzenoptimierung am Beispiel der „Beweglichen Backe":

Erstellen Sie folgende Skizze, vermeiden
Sie dabei die automatischen Skizzenabhängigkeiten.

Die Option „Abhängigkeit Koinzident bei
Erstellung anzeigen" ist hier eingeschaltet
(Extras – Anwendungsoptionen – Skizze).

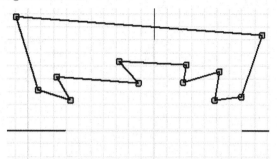

→ Kontextmenü (RM) – Alle Abhängigkeiten einblenden (F8)

Raster fangen
Alle Abhängigkeiten einblenden F8
Sichtbarkeit von Abhängigkeiten

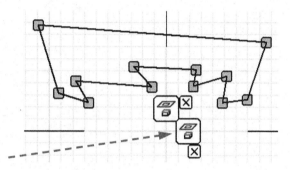

Die Skizze ist jetzt nur noch über die Abhängigkeit „Koinzident" (geschlossenes
Profil) festgelegt und es werden die Symbole für projizierte Geometrien angezeigt.

Versehen Sie die einzelnen Linien mit folgenden Abhängigkeiten:

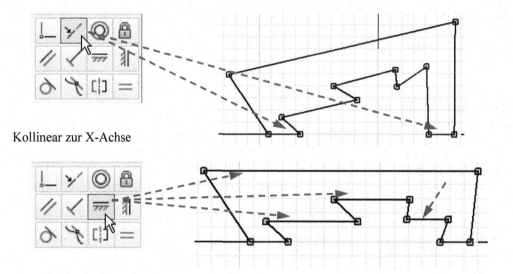

Kollinear zur X-Achse

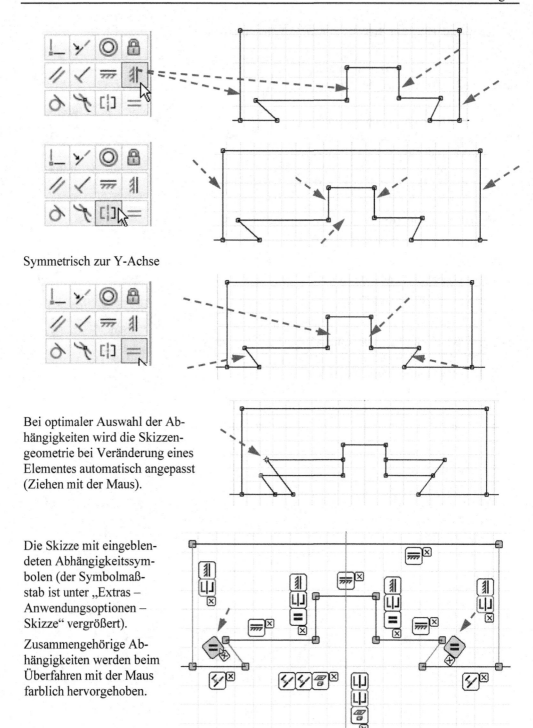

Symmetrisch zur Y-Achse

Bei optimaler Auswahl der Abhängigkeiten wird die Skizzengeometrie bei Veränderung eines
Elementes automatisch angepasst
(Ziehen mit der Maus).

Die Skizze mit eingeblen-
deten Abhängigkeitssym-
bolen (der Symbolmaß-
stab ist unter „Extras –
Anwendungsoptionen –
Skizze" vergrößert).

Zusammengehörige Ab-
hängigkeiten werden beim
Überfahren mit der Maus
farblich hervorgehoben.

Bemaßen Sie die Skizze und benennen die Maße.

Hier sollte unter „Extras – Anwendungsoptionen – Skizze" die Option „Bemaßung nach Erstellung bearbeiten" aktiviert werden.

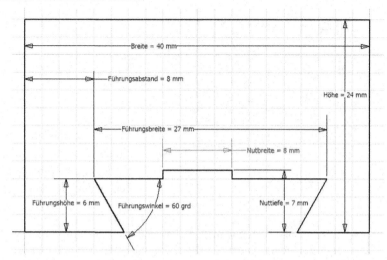

Als Ergebnis ergibt sich eine schlanke und für spätere Veränderungen gut handhabbare Parameterliste:

Parameter			
Parametername	▽ Einheit/T	Gleichung	Nennwert
⊟ Modellparameter			
Nuttiefe	mm	7 mm	7,000000
Nutbreite	mm	8 mm	8,000000
Höhe	mm	24 mm	24,000000
Führungswinkel	grd	60 grd	60,000000
Führungshöhe	mm	5 mm	5,000000
Führungsbreite	mm	27 mm	27,000000
Führungsabstand	mm	8 mm	8,000000
Breite	mm	40 mm	40,000000
⊟ Benutzerparameter			

2.3.2 Baugruppenabhängigkeiten

Baugruppenabhängigkeiten steuern die Positionsbeziehungen von Bauteilen.

Folgende Möglichkeiten zur Positionierung der Bauteile stehen im Inventor unter **Zusammenfügen – Abhängig machen** zur Verfügung:

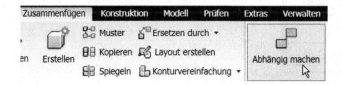

Baugruppe:

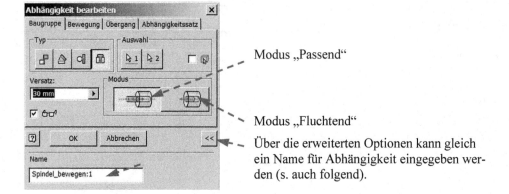

Modus „Passend"

Modus „Fluchtend"

Über die erweiterten Optionen kann gleich ein Name für Abhängigkeit eingegeben werden (s. auch folgend).

- Eine Abhängigkeit vom Typ „Passend" positioniert im Modus „Passend" ausgewählte Flächen oder Kanten parallel zueinander. Der Modus „Fluchtend" richtet nebeneinander liegende Bauteile mit fluchtenden Flächen aus. Nur Flächen können gegeneinander versetzt (Option „Versatz") sein.

- Zum schnellen Platzieren einer Abhängigkeit vom Typ „Passend" ohne Versatz halten Sie die **ALT-Taste** gedrückt und ziehen eine Baugruppenkomponente an ihre Position.

- Eine Abhängigkeit vom Typ „Winkel" positioniert Kanten oder planare Bauteilflächen zweier Komponenten im angegebenen Winkel.

- Eine Abhängigkeit vom Typ „Tangential" zwischen Ebenen, Zylindern, Kugeln, Kegeln und Splines verursacht die Berührung der Geometrie am Tangentialpunkt. Die Berührung kann innerhalb oder außerhalb einer Kurve erfolgen.

- Eine Abhängigkeit vom Typ „Einfügen" positioniert zylindrische oder keglige Elemente mit Bezug zu planaren Flächen oder umlaufenden Kanten lotrecht zur Zylinderachse.

Bewegung:

- Eine Abhängigkeit vom Typ „Drehung" gibt die Drehung eines Bauteils mit einem bestimmten Verhältnis relativ zu einem anderen Bauteil an (z. B. Zahnräder). Der Typ „Drehung-Translation" wandelt eine Drehbewegung in eine lineare Bewegung (z. B. Zahnstange) um.

Übergang:

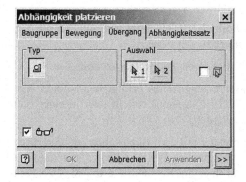

- Eine Abhängigkeit „Übergang" bestimmt die Beziehung zwischen (normalerweise) einer zylindrischen und einem daran grenzenden Flächensatz auf einem anderen Bauteil, wie z. B. eine Kurvenscheibe in einem Langloch. Eine Abhängigkeit „Übergang" hält den Kontakt zwischen den Flächen, während Sie die Komponente entlang der offenen Freiheitsgrade gleiten lassen.

Abhängigkeitssatz:

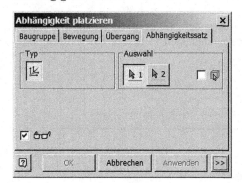

- Mit der Abhängigkeit „Abhängigkeitssatz" besteht die Möglichkeit zwei Benutzerkoordinatensysteme voneinander abhängig zu machen. Diese werden zwischen den entsprechenden Ebenenpaaren hergestellt.
  Benutzerkoordinatensysteme können in beliebiger Anzahl in Bauteilen bzw. Baugruppen erzeugt werden (s. **S. 104**).

Umbenennen der Abhängigkeit (langsamer Doppelklick):

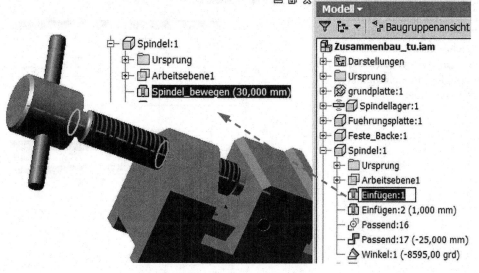

Das Umbenennen der automatisch vergebenen Abhängigkeitsbezeichnungen erleichtert die spätere Bearbeitung bzw. Verwendung ganz erheblich, insbesondere, wenn sehr viele Abhängigkeiten verwendet wurden.

2.4   Parameter

Mittels Parameter ist es möglich, die Größe und Form von Elementen in Bauteilen oder die Beziehung von Bauteilen in Baugruppen zu definieren bzw. zu steuern.

Inventor unterscheidet allgemein zwischen Modell-, Benutzer- und Referenzparameter.

Modellparameter werden automatisch vom Inventor erzeugt. Dies erfolgt u. a. sobald einer Skizze eine Bemaßung hinzugefügt, ein Element (z. B. Extrusion) erstellt oder in einer Baugruppe Komponenten mit Abhängigkeiten versehen werden.

Der Inventor benennt standardmäßig die Modellparameter mit dem Buchstaben „d" und einem aufsteigenden Zahlwert. Veränderungen des Namens bzw. des Wertes können über die Parameterliste (Bauteilelemente – Parameter) oder direkt über die Bemaßung erfolgen. Den Parametern können in der Spalte Gleichung mathematische oder funktionale Beziehungen (s. **Tipps und Tricks, S. 136**) zugewiesen werden.

Die Definition von Benutzerparameter erfolgt vom Anwender. Sie besitzen die gleiche Funktionalität wie die Modellparameter. Referenzparameter entstehen z. B. bei Überbestimmung einer Skizze.

2.4.1   Parameterliste

In der Parameterliste werden die verwendeten Modell- und Benutzerparameter eines Bauteils bzw. einer Baugruppe angezeigt.

Die einzelnen Parameter können u. a. umbenannt (Parametername), mit neuen Werten (Gleichung, s. **Verwendung von Funktionen, S. 136**) definiert oder mit Kommentaren versehen werden.

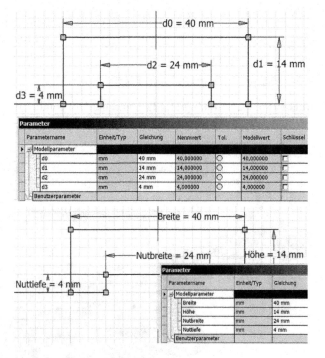

2.4.2 Verknüpfen von Modellparametern innerhalb eines Bauteils

Im Folgenden werden beispielhaft funktionale Zusammenhänge zwischen der Führungshöhe und der Nuttiefe bzw. zwischen dem Führungsabstand und der Breite der Beweglichen Backe hergestellt (s. Bewegliche_Backe_verknuepft.ipt und Fuehrungsplatte_verknuepft.ipt).

Bedingung 1:

- Die Nuttiefe soll immer 1 mm mehr als die Führungshöhe betragen.

Parameter

Parametername	Einheit/Typ	Gleichung	Nennwert
⊟ Modellparameter			
Führungshöhe	mm	6 mm	6,000000
Führungswinkel	grd	60 grd	60,000000
Nutbreite	mm	8 mm	8,000000
Führungsbreite	mm	27 mm	27,000000
Breite	mm	40 mm	40,000000
Höhe	mm	24 mm	24,000000
Führungsabstand	mm	8 mm	8,000000
▶ Nuttiefe	mm	Führungshöhe + 1 mm	7,000000

Bedingungen 2 und 3:

- Bei Änderungen der Breite soll die Führung weiterhin die Bewegliche Backe mittig anordnen.
- Die Stell-Leistenbreite beträgt immer 3 mm.

Parameter

Parametername	Einheit/Typ	Gleichung	Nennwert
⊟ Modellparameter			
Führungshöhe	mm	6 mm	6,000000
Führungswinkel	grd	60 grd	60,000000
Nutbreite	mm	8 mm	8,000000
Führungsbreite	mm	27 mm	27,000000
Breite	mm	40 mm	40,000000
Höhe	mm	24 mm	24,000000
▶ Führungsabstand	mm	(Breite - Führungsbreite + 3 mm) / 2 oE	8,000000
Nuttiefe	mm	Führungshöhe + 1 mm	7,000000

Ändern Sie die Führungsbreite auf 30 mm. Die Maßänderung kann in der Spalte Gleichung der Parameterliste oder in der Bemaßung selbst vorgenommen werden. Die Nennwerte der Parameter Nuttiefe und Führungsabstand werden entsprechen neu berechnet.

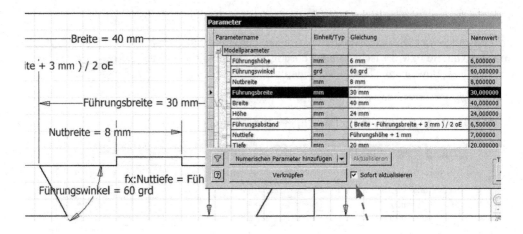

Damit die Änderungen wirksam werden, muss die Ansicht aktualisiert werden, falls die Option „Sofort aktualisieren" deaktiviert ist.

➔ Verwalten – Aktualisieren

Aktualisierung über Multifunktionsleiste:

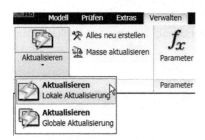

Lokale Aktualisierung: Die Aktualisierung bezieht sich auf das aktuelle Bauteil oder die aktuelle Baugruppe einschließlich aller untergeordneter Elemente.

Globale Aktualisierung: Alle mit dem Element verknüpften Objekte sind in die Aktualisierung einbezogen.

2.4.3   Verknüpfen von Modellparametern mit Benutzerparametern innerhalb eines Bauteils

Mittels Benutzerparameter besteht die Möglichkeit, Bemaßung und Elemente im Modell zu bestimmen.

Als Beispiel hier die Anpassung der Führungsbreite über einen Benutzerparameter, welcher über eine Werteliste (Auswahlliste) festgelegt wird.

Einen neuen numerischen Parameter hinzufügen und danach (über RM) „Mehrere Werte erstellen".

Hier können die gewünschten Werte eingeben und über „Hinzufügen" zur Auswahlliste angefügt werden. „Benutzerdefinierte Werte zulassen" ermöglicht zusätzlich zur Auswahlliste noch eine manuelle Eingabe

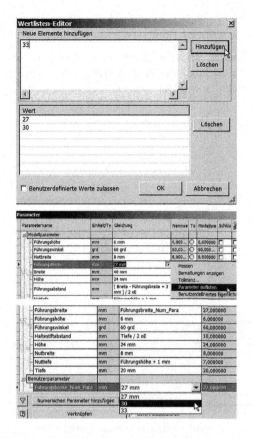

Durch Anklicken des Wertebereiches erfolgt die Auswahl der Parameter und damit die Verknüpfung mit dem gewünschten Benutzerparameter.

Über die Auswahl des Wertes beim Benutzerparameter wird die Zuweisung des gewünschten Wertes zum Modellparameter vorgenommen. „Sofort aktualisieren" führt zu einer sofortigen Anpassung des Modells ohne explizit die Aktualisierung aufzurufen.

2.4.4   Verknüpfen von Modellparametern zwischen mehreren Bauteilen

Durch die Verknüpfung zwischen Bauteilen besteht die Möglichkeit, über die Parameter eines Bauteils die Parameter anderer Bauteile zu steuern.

Als Beispiel hier die Anpassung des Modellparameters Breite der Führungsplatte (Fuehrungs-platte_verknuepft.ipt) über eine Verknüpfung mit dem Modellparameter Führungsbreite der Beweglichen Backe (Bewegliche_Backe_vernuepft.ipt). Der seinerseits über eine Auswahlliste des Benutzerparameters Führungsbreite_Num_Para gesteuert wird (s. o.).

In der Parameterliste der Führungsplatte wird die Verknüpfung mit der Beweglichen Backe vorgenommen:

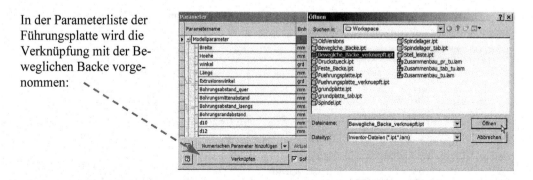

Wenn sich die Führungsbreite der beweglichen Backe ändert, so soll sich die Breite der Führungsplatte entsprechend anpassen. Die Stell-Leiste soll eine Breite von 3 mm haben.

Der Modellparameter Führungsbreite der Beweglichen Backe wird als Benutzerparameter zur Parameterliste der Führungsplatte hinzugefügt, dafür muss die Parameterliste der Führungsplatte mit der Beweglichen Backe verknüpft werden (s. o.). Die Auswahl des zu importierenden Parameters erfolgt durch Doppelklick:

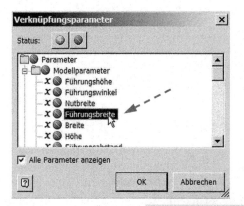

Auswahl der zu exportierenden Parameter durch einen Doppelklick. Diese Parameter werden von der Ursprungsdatei (Führungsplatte) importiert.

Falls dieser Parameter noch nicht zum Export freigegeben ist, muss die folgende Meldung bestätigt werden:

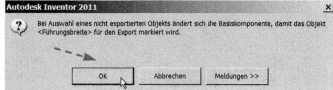

Exportparameter werden durch einen grünen Pfeil gekennzeichnet.

In der Parameterliste der Beweglichen Backe wird der Modellparameter Führungsbreite als Exportparameter gekennzeichnet:

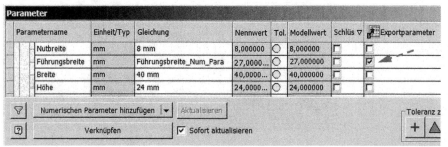

Fügen Sie in der Führungsplatte unter Gleichung für den Modellparameter Breite den Benutzerparameter Führungsbreite –3 mm (Parameter auflisten) ein:

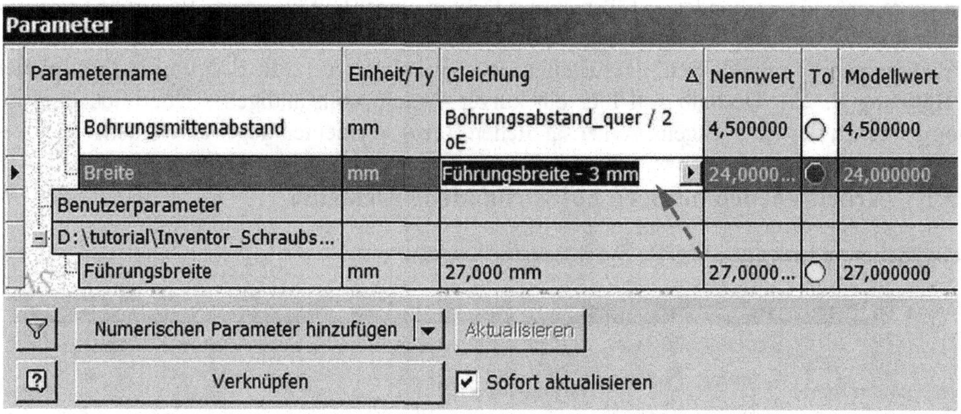

Parameter

	Parametername	Einheit/Ty	Gleichung	△	Nennwert	To	Modellwert
	Bohrungsmittenabstand	mm	Bohrungsabstand_quer / 2 oE		4,500000	○	4,500000
►	Breite	mm	Führungsbreite - 3 mm ►		24,0000...	◉	24,000000
	Benutzerparameter						
	D:\tutorial\Inventor_Schraubs...						
	Führungsbreite	mm	27,000 mm		27,0000...	○	27,000000

▽	Numerischen Parameter hinzufügen ▼	Aktualisieren
?	Verknüpfen	☑ Sofort aktualisieren

Ergebnis:

Durch die Auswahl des Parameters Führungsbreite_Num_Para wird automatisch der verknüpfte Parameter angepasst.

Damit ist eine elegante Anpassung unterschiedlicher Bauteile über eine zentrale Steuerung möglich.

2.5 Arbeitsebenen und -achsen, Benutzerkoordinatensystem (BKS)

Häufig reichen die vorhandenen Flächen und Kanten eines Bauteiles/einer Baugruppe oder die durch das Koordinatensystem vorgegebenen Ebenen und Achsen nicht aus, um Bauteile/Baugruppen zu modellieren, darzustellen oder zu animieren (z. B. Bohrung in der Spindel, s. **Bohrung S. 25**). Deshalb soll hier ein kurzer – nicht vollständiger – Überblick über die Möglichkeiten des Hinzufügens von zusätzlichen Bezugselementen gegeben werden.

2.5.1   Arbeitsebenen bezogen auf vorhandene Elemente

Arbeitsebenen tangential (z. B. Zylinder oder Kugel):

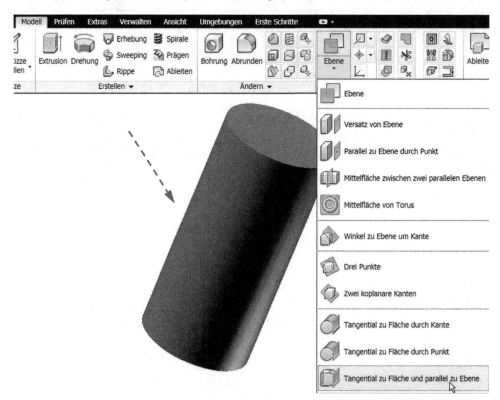

1. Fläche oder Ebene auswählen

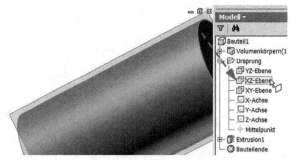

2. Ebene oder Fläche auswählen – hier kann der Bezug auch eine Kante sein

Arbeitsebenen parallel zu vorhandenen Flächen/oder Ebenen des Koordinatensystems:

Fläche auswählen und durch Ziehen oder Eingabe Abstand festlegen.

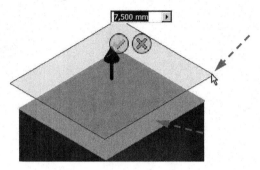

Winkelstellung von Arbeitsebenen zu vorhandenen Elementen:

Kante und Ebene auswählen und durch Ziehen oder Eingabe Winkel festlegen.

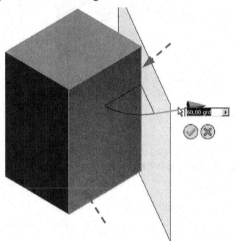

Anstelle Kante/Achse – Fläche/Ebene können auch zwei Kanten verwendet werden:

2.5.2 Arbeitsebenen über zusätzliche Elemente definieren

Arbeitsebene senkrecht zur Arbeitsachse:

1. **Arbeitsachse**: Zwei Punkte auswählen oder vorher definieren

2. **Arbeitsebene**: Arbeitsachse und gewünschten Bezugspunkt auswählen

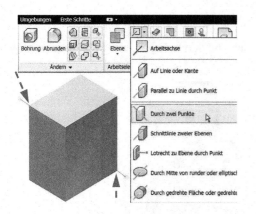
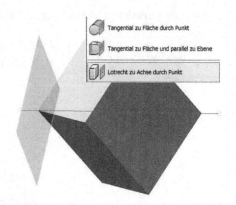

Arbeitsebene über Skizzen:

1. Skizze erstellen   2. Bezugskante auswählen

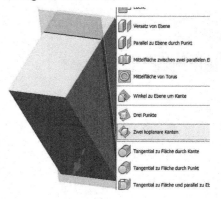

Beispiel Stutzen mit beliebiger Lage:

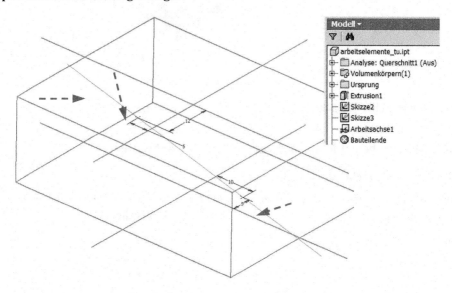

1. Bezugspunkte für Arbeitsachse   2. Arbeitsachse hinzufügen
   (hier über zwei Skizzen an der
   Ober- und Unterseite) festlegen

Arbeitsebene definiert
durch Arbeitsachse
und Punkt hinzufügen
(Arbeitsebene steht
senkrecht zur Arbeits-
achse)

Weitere Arbeitsebene
mit definiertem Ver-
satz (hier 20 mm) zur
vorher erzeugten hin-
zufügen

Gewünschte Elemente
(hier Stutzen, Boh-
rung und Rundung)
positionieren und hin-
zufügen

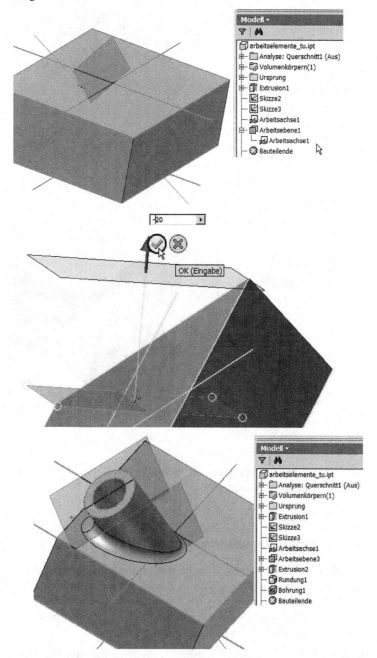

Für eine Querschnitts-
analyse (s. **Quer-
schnitte, S. 112**) eine
zusätzliche Arbeits-
ebene (über eine
Skizze und die vor-
handene Arbeitsachse
definiert)
hinzufügen

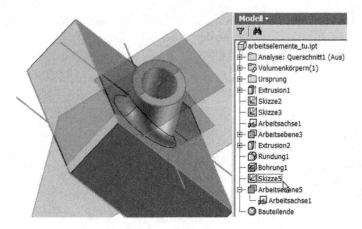

Ergebnis (Arbeits-
elemente ausgeblen-
det):

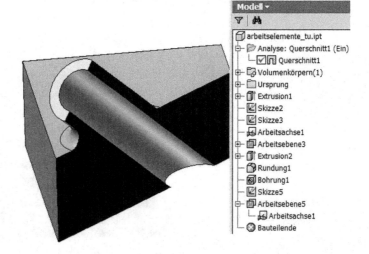

Hier könnte es sich anbieten, die maßliche Festlegung z.T. über Funktionen (s. **Tipps und Tricks, S. 136**) vorzunehmen.

2.5.3   Benutzerkoordinatensystem (BKS)

Das Benutzerkoordinatensystem ist eine individuelle Festlegung von drei Arbeitsebenen, drei Achsen und einem Mittelpunkt. Ein Bauteil bzw. eine Baugruppe kann mehrere Benutzerkoordinatensysteme enthalten. Das BKS kann am Ursprung ausgerichtet und um seine Achsen gedreht werden. Die genaue Positionierung kann auch –wie im Folgenden beschrieben- über die Parameter des BKS in der Parameterliste erfolgen.

In Anlehnung an das obige Beispiel wollen wir hier die Verwendung des Benutzerkoordinatensystems veranschaulichen.

1. Erstellung eines neuen BKS.

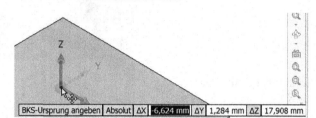

2. Positionierung und Ausrichtung. Dabei kann die Lage
   zum Ursprung des Inventor-
   objektes und die Drehung
   um die Achsen im Dialog
   oder über Parameter eingegeben werden.
   Hier Festlegung über die
   Parameter (RM – Fertig stellen, BKS noch nicht positioniert).

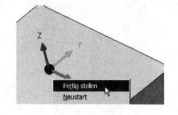

3. Parameterliste nach dem
   Einfügen des BKS´s. Es sind
   sechs Parameter hinzugefügt
   worden. d4 bis d6 legen die
   Abstände zum Ursprung fest,
   d7 bis d9 den Drehwinkel
   um die Achsen.

länge	mm	30 mm
breite	mm	20 mm
höhe	mm	20 mm
extrusionswinkel	grd	0 grd
d4	mm	-6,449 mm
d5	mm	2,716 mm
d6	mm	15,952 mm
d7	grd	0,00 grd
d8	grd	0,00 grd
d9	grd	0,00 grd

4. Umbenennen der Parameter
   zur besseren Handhabung
   und Festlegung der Werte.

extrusionswinkel	grd	0 grd
bks1_abstandx	mm	5 mm
bks1_abstandy	mm	-5 mm
bks1_abstandz	mm	20 mm
bks1_drehwinkelx	grd	30 grd
bks1_drehwinkely	grd	45 grd
bks1_drehwinkelz	grd	0,00 grd

5. Ergebnis: (die Ebenen des
   BKS sichtbar geschaltet)

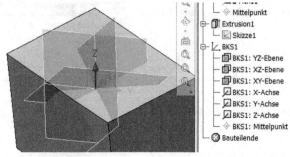

6. Arbeitsebene mit Abstand
   zur XY-Ebene des BKS′s
   hinzufügen.

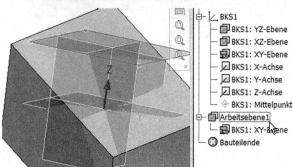

7. Stutzen wie vorab modellieren. Hier muss natürlich die
   Geometrie des BKS1 für die
   Positionierung der Skizze
   des Stutzens projiziert werden.

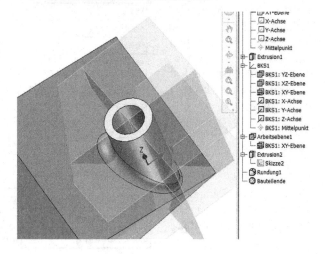

2.6 Modifikation von Element-/Objektbezeichnungen, Reihenfolge und Bauteilende

Zur besseren Orientierung sollten die einzelnen Objekte im Browserfenster umbenannt werden (**Kontextmenü -RM- Eigenschaften oder langsamer Doppelklick**):

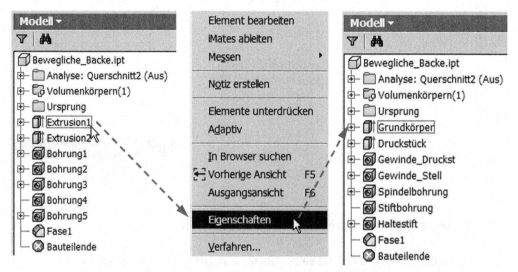

Die **Reihenfolge der Objekte und das Bauteilende** lässt sich durch **Verschieben** des Bauteilendes (Drag and Drop) verändern, so dass u. U. bestimmte Objekte besser erzeugt werden können. Ebenfalls ist die **Unterdrückung** von Objekten möglich, um z. B. die Entstehung zu verdeutlichen:

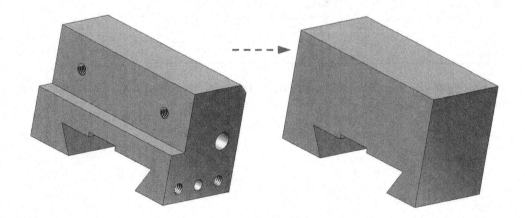

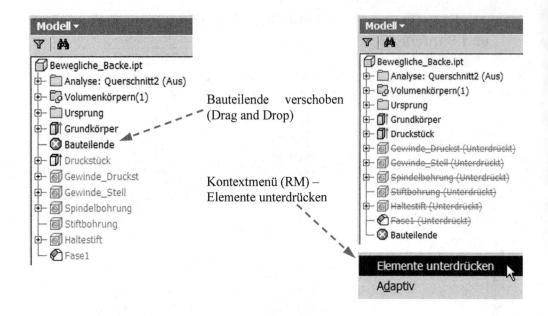

Bauteilende verschoben
(Drag and Drop)

Kontextmenü (RM) –
Elemente unterdrücken

2.7   Erzeugung von Querschnitten in Bauteilen

Zur besseren Einsicht in den Aufbau eines Bauteils können Querschnitte erzeugt werden:

→   Prüfen – Analyse – Schnitt

Parameter festlegen, Ebene auswählen (im Bauteil oder im Modellbrowser), evtl. Versatz und
Querschnittsobjekt erzeugen:

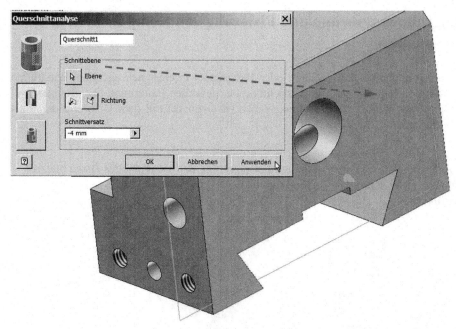

Ergebnis (hier mit 4 mm Versatz)

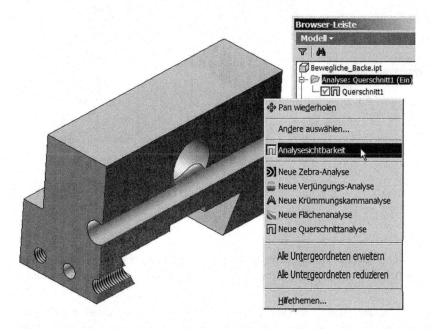

Im Modellbrowser kann die Sichtbarkeit ein- bzw. ausgeschaltet und Querschnitte aktiviert oder deaktiviert werden (Kontextmenü). Es lassen sich mehrere Querschnittsanalysen definieren.

2.8   Baugruppenursprung und Fixierung von Komponenten in Baugruppen

Die erste platzierte Komponente (Bauteil oder Baugruppe) in einer neu erstellten Baugruppe wird automatisch fixiert. Sie legt die Ausrichtung der gesamten Baugruppe fest. Standardmäßig ist der Komponentenursprung deckungsgleich (Koinzident) mit dem Ursprung der Baugruppenkoordinaten.

Ein- bzw. Ausblenden der Ursprungselemente (**RM, Kontextmenü, Sichtbarkeit**):

Baugruppenursprung und Ursprung des ersten platzierten Bauteils liegen zusammen:

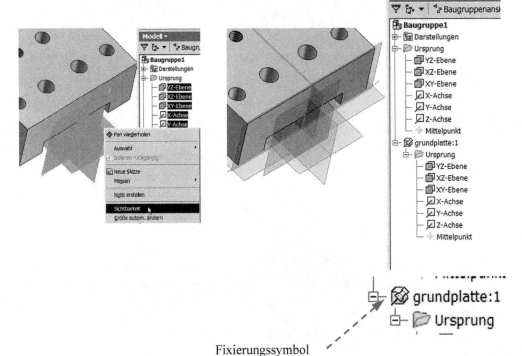

Fixierungssymbol

Die Fixierung einer Komponente kann jederzeit entfernt, bzw. andere Baugruppenkomponenten können zusätzlich fixiert werden. Der Baugruppenursprung ändert sich dadurch allerdings nicht.

Die Positionierung der Komponente zum Baugruppenursprung wird durch Festlegung des Versatzes zum Baugruppenursprung vorgenommen. Im folgenden Beispiel wird die Fixierung der Grundplatte entfernt, das Spindellager fixiert und in den Baugruppenursprung gelegt (**RM, Kontextmenü** auf Bauteil oder im Browser):

Fixierung der Grundplatte entfernt, keine Komponente hat einen festgelegten Bezug zum Baugruppenkoordinatensystem.

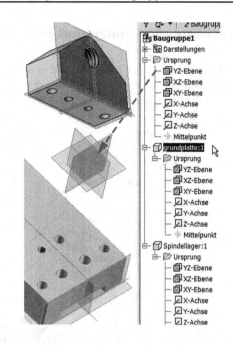

Spindellager fixieren:
Kontextmenü (RM)

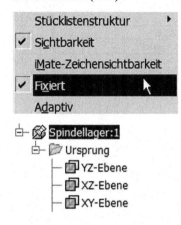

Zuordnung des Komponentenursprungs:
RM, Eigenschaften auf Komponente oder im Browser. Unter dem Reiter „**Exemplar**" neue Bezugskoordinaten eingeben. Vorher evtl. die **Winkel** über Abhängigkeiten ausrichten

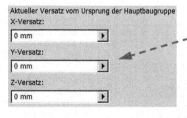

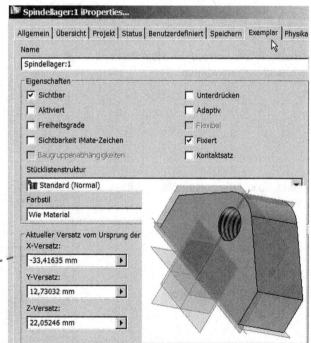

2.9   Stücklistenpositionen und Positionsnummern verändern

Die Positionsnummern in der Stückliste und in der Zeichnungsableitung eines Zusammenbaues
sind abhängig von der Reihenfolge des Platzierens in der iam. Soll diese Reihenfolge geändert
werden, um z. B. die Stückliste zu strukturieren, muss eine Anpassung erfolgen:

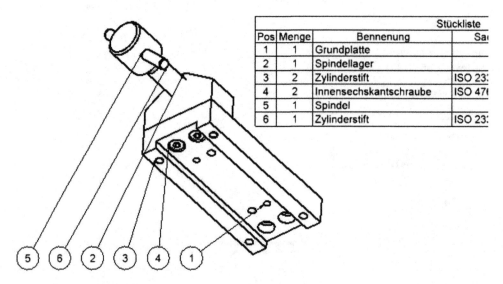

| | | | Stückliste |
Pos	Menge	Bennenung	Sa
1	1	Grundplatte	
2	1	Spindellager	
3	2	Zylinderstift	ISO 23:
4	2	Innensechskantschraube	ISO 47(
5	1	Spindel	
6	1	Zylinderstift	ISO 23:

1. Rechte Maustaste auf die Stückliste und
   „Stückliste" auswählen.

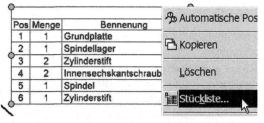

2. Bauteile auf die gewünschte Position
   verschieben.

3. Objekte neu nummerieren.

4. Rechte Maustaste auf Stückliste „Teileliste bearbeiten ...".

5. Teileliste sortieren, sortieren nach Position.

Ergebnis:

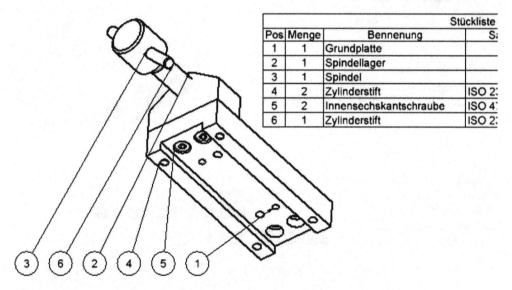

Pos	Menge	Bennenung	St
1	1	Grundplatte	
2	1	Spindellager	
3	1	Spindel	
4	2	Zylinderstift	ISO 2:
5	2	Innensechskantschraube	ISO 4:
6	1	Zylinderstift	ISO 2:

2.10 Komponenten aus dem Inhaltscenter platzieren

Über das Inhaltscenter können Normteile und Standardelemente in Baugruppen und Bauteile eingefügt werden. Die Auswahl wird durch das Setzen von Filtern übersichtlicher (s. u.).

Standardelemente in Bauteil einfügen:

➔ Verwalten – Element aus Inhaltscenter platzieren

Beispiel Kugel auf Fläche:

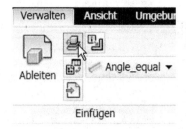

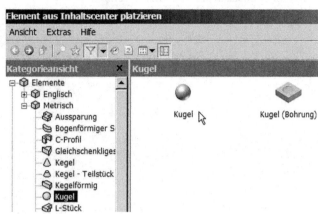

Kugeldurchmesser eingeben
und Bezugsfläche bzw. -ebene
auswählen.
Positionieren der Kugel über
Verschiebefunktion (RM)

Im Modellbrowser kann die Kugel „**RM**" „Element bearbeiten" verändert werden: z. B. Drehwinkel oder in eine Hohlform verwandeln.

„Entlang der Koordinaten
verschieben" anklicken und
Koordinaten festlegen. Diese
Koordinaten erscheinen allerdings nicht in der Parameterliste.

Soll die Position über sichtbare Bauteilparameter festgelegt werden, müssen in der Skizze der Kugel entsprechende Maße/Parameter hinzugefügt werden.

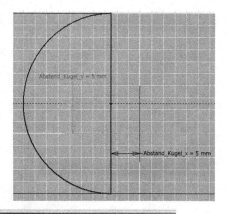

Parameter			
Parametername	Einheit	Gleichung	Nennwert
▶ ⊟ Modellparameter			
Breite	mm	40 mm	40,000000
Länge	mm	50 mm	50,000000
Höhe	mm	20 mm	20,000000
Extrusionswinkel	grd	0 grd	0,000000
d4	mm	dd0	30,000000
d5	mm	d4 / 2,000 oE	15,000000
Drehwinkel_Kugel	rad	180 grd	3,141593
Abstand_Kugel_x	mm	5 mm	5,000000
Abstand_Kugel_y	mm	5 mm	5,000000

Die Verwendung von Standardelementen ist u. E. allerdings **nur bedingt empfehlenswert**. Beim eigenständigen Modellieren sind die Ergebnisse besser kontrollierbar!

Normteile in Baugruppen einfügen:

➜ Baugruppe – Aus Inhaltscenter platzieren

Hinzufügen eines Filters, um die Auswahl zu verkleinern:

Die Filterfunktion sollte benutzt werden, da die Auswahl deutlich übersichtlicher ist und der Aufruf schneller erfolgt.

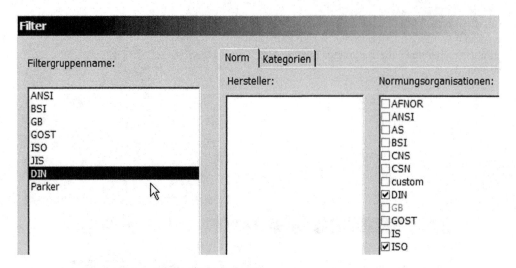

Filtergruppenname „**DIN**" mit dem Inhalt der Normen DIN und ISO.

Beispiel: Einfügen einer Schraube:

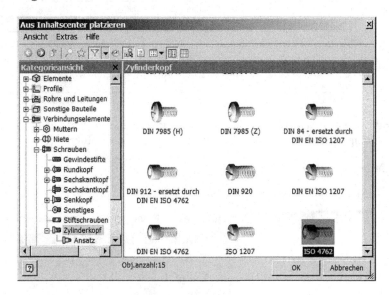

Normteil auswählen (hier Schraube) und in der gewünschten Position platzieren. Nachfolgend kann das platzierte Normteil u. U. bearbeitet werden. Darüber hinaus ist auch die Verwendung des Konstruktions-Assistenten zur Erzeugung von Schraubverbindungen möglich (wird hier nicht behandelt).

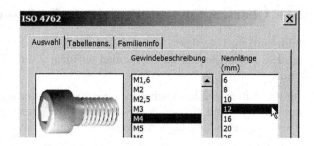

AutoDrop:

- Mehrere einfügen (Erkennung von Bohrbildern, hier vier Schrauben).

- Größe ändern

- Schraubenverbindung

- Anwenden und weiter einfügen

- Platzieren und Einfügen beenden

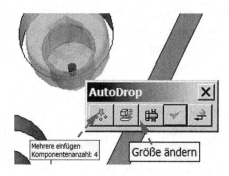

Das Festlegen der Länge kann auch durch Ziehen mit der Maus an der Längenmarkierung erfolgen.

Diese Markierung wird unter AutoDrop automatisch angezeigt.

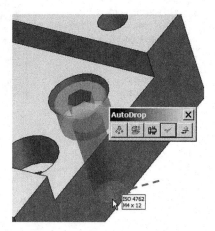

Alternativ können die Normteile durch normales Ablegen auf der Arbeitsfläche und anschließendes Festlegen durch Abhängigkeiten hinzugefügt werden.

2.11 Übertragung von Projekten: Pack and Go

Beim einfachen Kopieren von Inventor-Dateien gehen Referenzen verloren. Das heißt, verwendete Normteile und ähnliches sind auf dem Zieldatenträger/Verzeichnis nicht mehr vorhanden.

Um alle Referenzen beizubehalten, bietet der Inventor die Möglichkeit, aus dem Explorer heraus (Kontextmenü, RM) referenzierte Bereiche mit zu übertragen. „Pack and Go" kann auf alle Inventor-Zeichnungsdateien angewendet werden (iam, ipt, idw, ipn).

Damit können Projekte, Baugruppen u. a. kopiert werden, um z. B. Kunden oder Mitarbeitern extern den Gesamtaufbau zu veranschaulichen oder die Mitarbeit zu ermöglichen.

Für das Übertragen einer kompletten Baugruppe einschließlich der Projektdaten muss „**Pack and Go**" auf die dazugehörige ***.iam** angewendet werden (**RM** auf Datei).

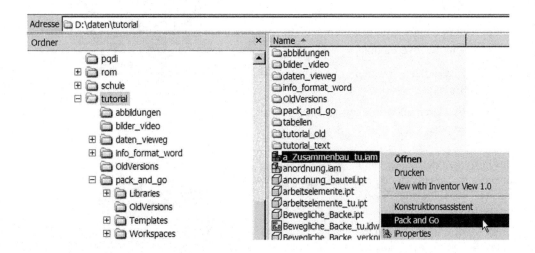

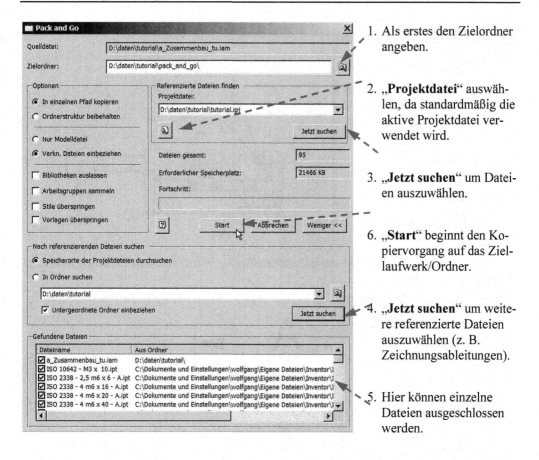

1. Als erstes den Zielordner angeben.

2. „**Projektdatei**" auswählen, da standardmäßig die aktive Projektdatei verwendet wird.

3. „**Jetzt suchen**" um Dateien auszuwählen.

6. „**Start**" beginnt den Kopiervorgang auf das Ziellaufwerk/Ordner.

4. „**Jetzt suchen**" um weitere referenzierte Dateien auszuwählen (z. B. Zeichnungsableitungen).

5. Hier können einzelne Dateien ausgeschlossen werden.

2.12 Zeichnungsableitungen

2.12.1 Browserstruktur

Durch Überfahren mit dem Mauszeiger im Browser bzw. in der Zeichenfläche werden die einzelnen Objekte farbig angezeigt.

Die Browserstruktur ist bei den Zeichnungsableitungen von großer Bedeutung, weil damit das Erscheinungsbild der Ansichten angepasst werden kann.

Zu jeder Ansicht werden alle Elemente aufgeführt und können somit gezielt angepasst werden (z. B. Schnittbeteiligung, Sichtbarkeit, …).

Hier die „Ansicht 2" des Zusammenbaus mit den zugehörigen Elementen (Ansichten, Bauteile, …), unter Zusammenbau_tu.iam kann auf die einzelnen Objekte zugegriffen werden:

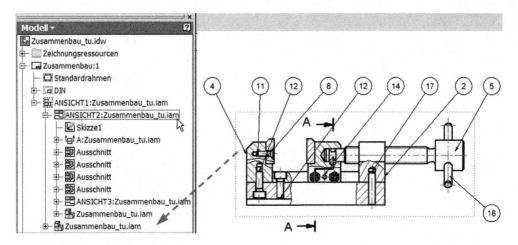

Zuordnungsbeispiel: Ausblenden der Schnittbeteiligung von Druckstück:2 in der Ansicht 2 (RM auf Druckstück:2):

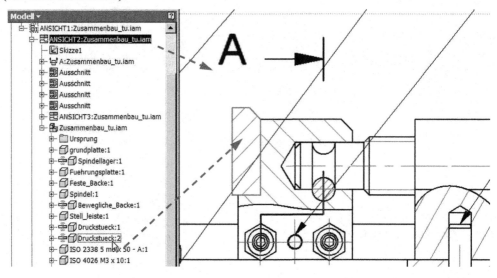

Schnittbeteiligung ausgeblendet:

Zu den jeweiligen Ansichten erfolgt immer eine Zuordnung der zusammengehörigen Elemente und Objekte. So ist das Editieren relativ einfach und übersichtlich.

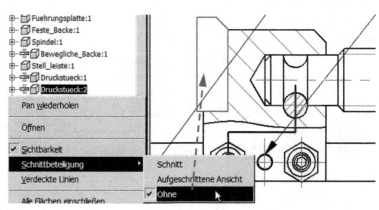

Erstansicht (Ansicht1:Zusammenbau_tu.iam) – Abgeleitete Ansicht:

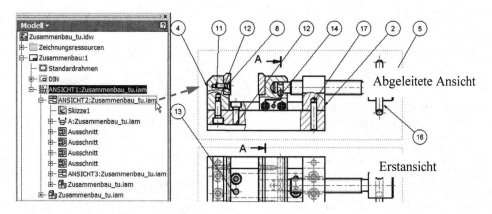

Zuordnung Ausschnitt-Skizzen:

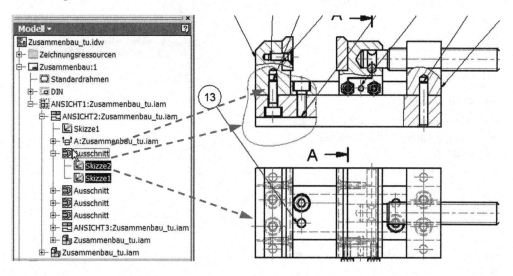

Für das Editieren der Ansichten über die Browserstruktur ist wieder das Kontextmenü (RM) von zentraler Bedeutung.

2.12.2   Anpassungen (Symbole, Stileditor, Schriftfeld, Rahmen, Vorlagen)

a) Symbole

Symbole können das Arbeiten erheblich erleichtern, ihre Erstellung ist relativ einfach:

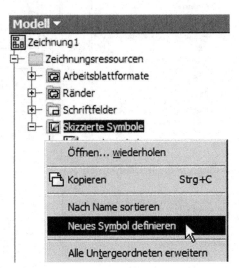

Kontextmenü (RM) auf Skizzierte Symbole
„Neues Symbol definieren" oder
„Format" – „Neues Symbol definieren"

In dem sich öffnenden Skizzierfenster können beliebige Objekte skizziert, mit bestimmten Eigenschaften versehen (z. B. angeforderte Eingabe oder vorhandene Eigenschaften
wie „Autor" eingefügt; s. **Schriftfeld, S. 130**)
und maßlich bzw. im Erscheinungsbild festgelegt werden.

Beispiel Kegelsymbol:

Symbol maßlich festlegen und Eigenschaften
wie Linientyp/Linienstärke zuweisen (RM,
Eigenschaften)

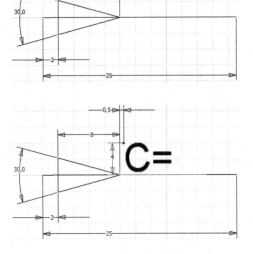

Festen Text „C=" hinzufügen und evtl. maßlich festlegen

Text vom Typ „**Angeforderte Eingabe**" hinzufügen, formatieren und den Anzeigeplatzhalter (hier „Kegelverjüngung") eingeben. Danach evtl. wieder maßlich festlegen

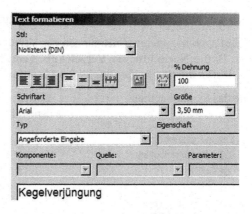

Beim Einfügen des Symbols wird der Wert der Kegelverjüngung automatisch abgefragt.

Einen „**Einfügepunkt festlegen**" (gewünschten Punkt vorher aktivieren)

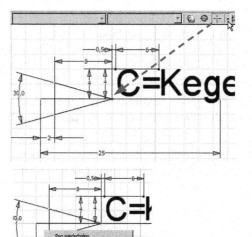

Danach Symbol speichern (RM)

Das gespeicherte Symbol steht damit in der aktuellen Zeichnungsdatei zur Verfügung.

Sortieren der Symbole:

RM auf Skizzierte Symbole „Nach Name sortieren"

Modell ▼
- Zeichnung1
  - Zeichnungsressourcen
    - Arbeitsblattformate
    - Ränder
    - Schriftfelder
    - Skizzierte Symbole
      - Kegel-Symbol

➔ Zeichnungskommentar – Symbole (evtl. Führungslinie deaktivieren!)

Soll ein Symbol auch in anderen Zeichnungen zur Verfügung stehen, sollte es in eine geöffnete Vorlage (z. B. die **Norm.idw, im Verzeichnis Templates**) kopiert (jeweils Kontextmenü, RM) werden. **Dafür müssen beide Dateien im Inventor geöffnet sein:**

Datei, welche das Symbol enthält   Vorlage, in welche das Symbol kopiert werden soll

b) Stileditor

Mit dem Stil- und Normen-Editor lässt sich das Erscheinungsbild (Farben, Strichstärken, Anzeigegenauigkeit, ...) einer Zeichnungsdatei individuell anpassen („Format" „Stil- und Normen-Editor"). Stile lassen sich abspeichern, Im- und Exportieren. Sinnvoll erscheint zunächst die Anpassung in einer oder mehreren Vorlagendateien.

Ist im Projekt die Option „**Stilbibliothek verwenden**" auf „**nein**" gesetzt, werden die **Stileinstellungen aus der Vorlagendatei in der jeweiligen Zeichnungsdatei verwendet (s. Vorlagen, S. 133).**

Die Möglichkeit des „Stile in Stil-Bibliothek speichern" sollte mit Vorsicht behandelt werden, da u. U. der ursprüngliche Zustand nicht einfach zu rekonstruieren ist (Option „**Stilbibliothek verwenden**" „**ja**").

➔ Verwalten – Stile und Normen – Stil-Editor

Anpassung der Standardbemaßung:

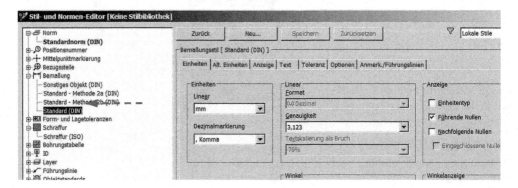

Anpassung der Stückliste (Teileliste in Stückliste umbenannt) im Stil- und Normeneditor:

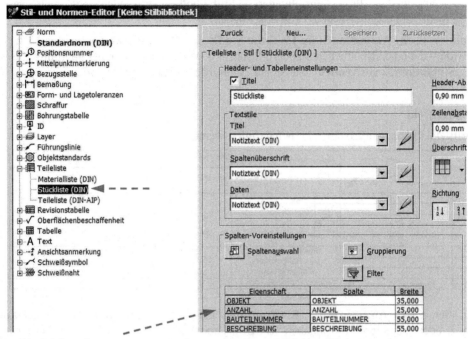

Hier die gleichen Anpassungen vornehmen, wie unter 1.4.2 beschrieben:

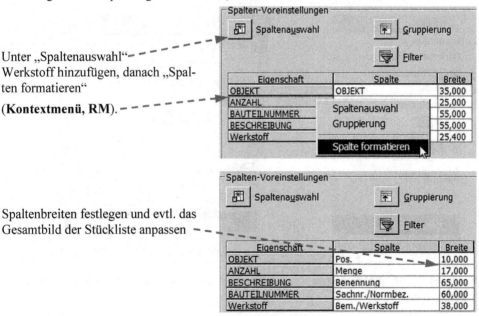

Unter „Spaltenauswahl"
Werkstoff hinzufügen, danach „Spalten formatieren"

(Kontextmenü, RM).

Spaltenbreiten festlegen und evtl. das
Gesamtbild der Stückliste anpassen

Die im Stil- und Normeneditor vorgenommenen Änderungen sollten zur weiteren Verwendung in einer **Vorlage gespeichert** (s. **Vorlagen, S. 133**) werden (z. B. „Norm.idw" oder „Tutorial.idw").

Sie stehen damit bei Verwendung dieser Vorlage auch in anderen Zeichnungsdateien zur Verfügung, falls in den „Projekteinstellungen", „Stilbibliothek verwenden" auf „nein" gesetzt wurde (geöffnete Inventor-Dateien vorher schließen).

Damit – **z. B. für Animationen im Inventor-Studio oder Veränderungen bei der Materialauswahl** – die unterschiedlichen Standard-Stile zur Verfügung stehen, muss allerdings die Option **„Stilbibliothek verwenden"** wieder auf „schreibgeschützt" gesetzt werden.

c) Schriftfeld

Schriftfelder können bearbeitet oder neu definiert werden:

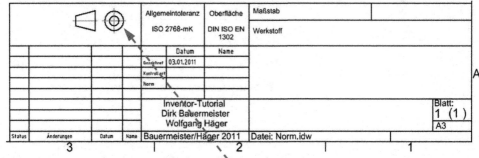

Hier können feste Angaben wie z. B. „Projektionsmethode", Normhinweise oder Name/Logo ergänzt oder „Angeforderte Eingaben" (z. B. „Name") bzw. abrufbare Textparameter (z. B. „Dateiname") eingefügt werden.

Vorhandenes Schriftfeld bearbeiten   Neues Schriftfeld definieren (**RM auf „Schrift-**
(**RM auf „DIN"**)   **feld"**)

Beispiel Schriftfeld: Hinzufügen des Textparameters **„DATEINAME"**

Schriftfeld „DIN" bearbeiten, Text an der vorgesehenen Stelle einfügen:

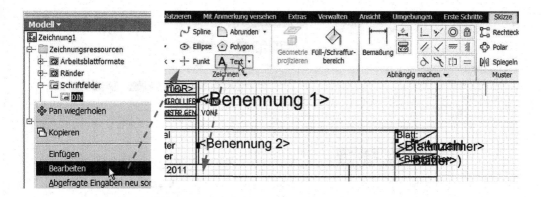

Im Textfenster die gewünschten Eigenschaften festlegen:

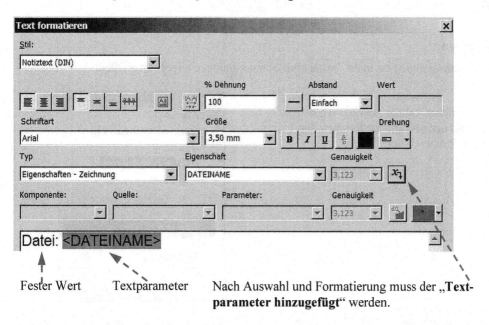

Fester Wert   Textparameter   Nach Auswahl und Formatierung muss der „**Textparameter hinzugefügt**" werden.

Soll das **Schriftfeld auch in anderen Zeichnungsdateien** zur Verfügung stehen, muss die Anpassung in einer **Vorlagendatei** (z. B. „Norm.idw" oder „Tutorial.idw") vorgenommen werden.

Das Eintragen der „angeforderten Eingaben" können Sie beim Öffnen der Vorlagendatei oder in der Zeichnung (Eintragen/Ändern) vornehmen:

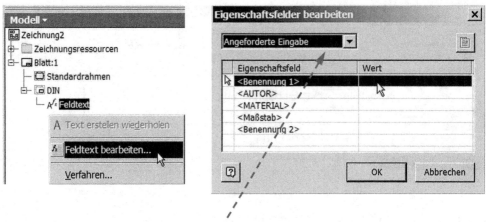

„**RM**" auf Feldtext, Auswahl von „Angeforderte Eingabe"

d) Rahmen

Neue Rahmen können definiert, bestehende Standardrahmen angepasst werden:

Bevor ein neuer Rahmen einfügt werden
kann, muss der vorhandene Rahmen des
Blattes gelöscht werden!

Danach „Kontextmenü" (**RM**), „Zeichnungsrahmen einfügen..." und Parameter
festlegen

Erweiterte Eigenschaften zur besseren Einstellung aktivieren!

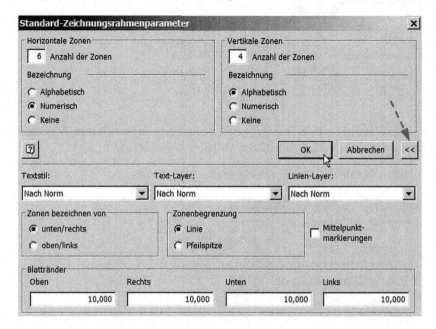

Soll der **Rahmen auch in anderen Zeichnungsdateien** zur Verfügung stehen, muss die Anpassung wieder in einer **Vorlagendatei** (z. B. „Norm.idw"; s. **Vorlagen, folgend**) vorgenommen werden.

e) Vorlagen

Vorlagen sind normale Inventor-Dateien, die sich standardmäßig im Ordner „Templates" oder einem Unterordner befinden. Neben den vorhandenen Vorlagen können beliebig eigene Vorlagen erstellt und in den Ordner Templates oder einen vorhandenen/neuen Unterordner kopiert werden. Ein neu angelegter Unterordner wird nur dann in der **Auswahl angezeigt**, wenn er **mindestens eine Datei enthält**:

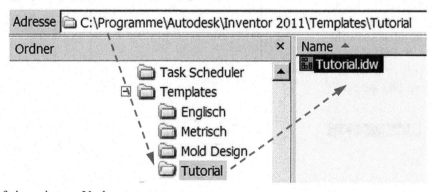

Aufruf einer eigenen Vorlage:

➔ I pro – Neu

   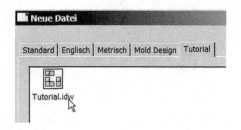

In den Vorlagendateien (z. B. Norm.idw) sollten alle benutzerspezifischen Anpassungen vorgenommen werden; Beispiel „Automatische Mittellinienmarkierung":

➜ Extras – Optionen – Dokumenteneinstellungen – Zeichnung

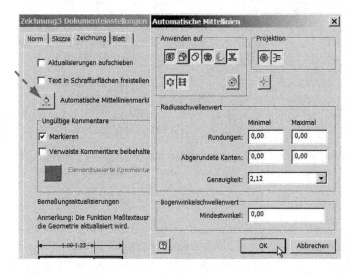

2.12.3 Aus- und Einblenden der Sichtbarkeit von Zeichnungselementen

Sichtbarkeit einiger Kanten
ausgeblendet (**RM auf
Elemente, oder Auswahl-
fenster s. S. 152**)

   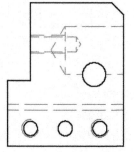   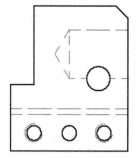

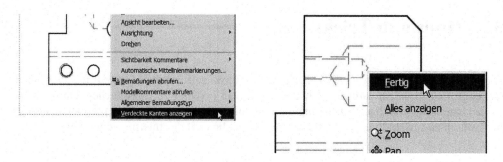

RM auf Ansicht, Verdeckte Kanten anzeigen, Kanten auswählen und mit „Fertig" bestätigen

3 Tipps und Tricks

Hier wollen wir einige uns nützlich erscheinende Hinweise zur Arbeit mit dem Inventor geben. Dabei geht es vor allem darum, das Arbeiten mit dem Inventor zu vereinfachen. Die Beispiele stellen eine unvollständige Aufzählung dar und sollen dazu anregen, nach alternativen Vorgehensweisen zu suchen (hier sei noch einmal ausdrücklich auf das Internet verwiesen).

3.1 Verwendung von Funktionen und Parametern in der Skizzen-Bemaßung

Für die maßliche Festlegung eines Bauteiles kann es manchmal nützlich sein, anstelle von Maßangaben mit mathematischen Operatoren, Funktionen und/oder Parametern zu arbeiten.

In dem folgenden Beispiel soll die unter 30° verlaufende Bohrung einen Randabstand von „Höhe/2" haben:

1. Aufruf des Kontextmenüs (**RM**), „Parameter auflisten", Parameter auswählen

2. Hinzufügen der Operatoren und Funktion(en), hier „cos"; eine **Übersicht über die verwendbaren Funktionen und deren Syntax siehe „Inventor-Hilfe, Funktionen"**

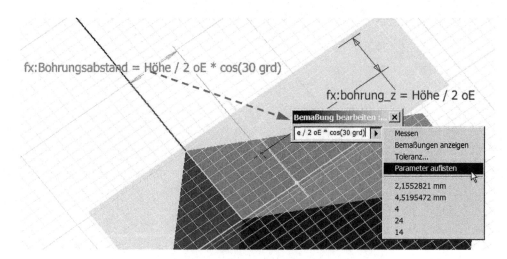

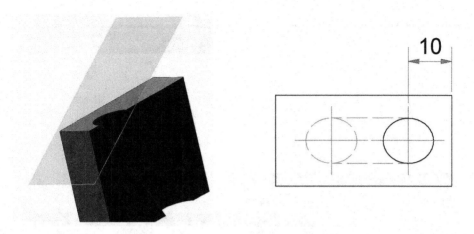

3.2 Parameternamen und Bemaßung bearbeiten

Die vom Inventor automatisch erzeugten Parameternamen „d..." sollten gleich bei der Erzeugung umbenannt werden. Damit ist das spätere Ändern, die Steuerung über Parameter und die Verwendung von Verknüpfungen zwischen Parametern in der Bemaßung erheblich einfacher.

Parameter unter **Bemaßungseigenschaften (RM)** oder in der **Parameterliste** umbenennen:

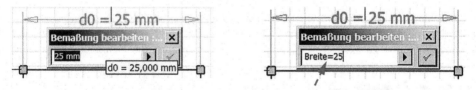

Anzeige der Parameternamen: **RM auf Skizzierfläche – Bemaßungsanzeige – Ausdruck:**

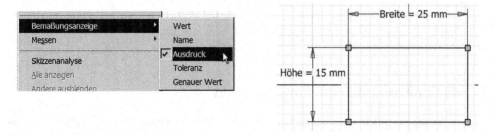

Das Umbenennen der Parameter ist ebenfalls in der Parameterliste möglich (Parameter anklicken):

Aufruf der Parameterliste: „Verwalten –
Parameter"

Parametername	Einheit/Typ	Gleichung	Nennwert	To	Modellwert	Sc
▶ ⊟ Modellparameter						
Breite	mm	30 mm	30,000000	○	30,000000	☐
Länge	mm	40 mm	40,000000	○	40,000000	☐
Höhe	mm	20 mm	20,000000	○	20,000000	☐
Extrusionswinkel	grd	0 grd	0,000000	○	0,000000	☐
Winkel_Arbeitsebene	grd	-30 grd	-30,000000	○	-30,000000	☐
bohrung_z	mm	Höhe / 2 oE	10,000000	○	10,000000	☐
Bohrungsabstand	mm	Höhe / 2 oE * cos(30 grd)	8,660254	○	8,660254	☐
Bohrungsdurchmesser	mm	10 mm	10,000000	○	10,000000	☐
Benutzerparameter						

Die Bemaßung wird i. d. R. überschrieben. Damit nicht jedes Mal die Bemaßung neu aufgerufen werden muss, ist es möglich, unter „Extras" – „Optionen" – „Anwendungsoptionen" – „Skizze" die Option zu aktivieren, die das sofortige Bearbeiten der Bemaßung nach Eingabe ermöglicht:

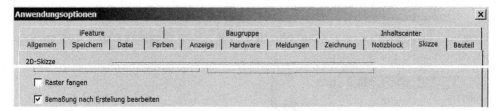

3.3   Minimierung der Parameteranzahl

Wird eine Skizze vor allem über Maße festgelegt, entsteht eine sehr lange und damit u. U. unübersichtliche Parameterliste. Die Verwendung von Skizzenabhängigkeiten kann hier erheblich zur Vereinfachung beitragen und damit insbesondere bei Änderungen die Arbeit deutlich vereinfachen.

Beispiel Bohrbild:

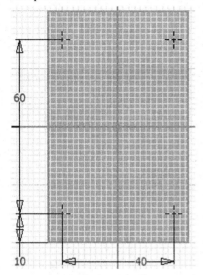

Parameter			
Parametername	Einheit	Gleichung	Nennwert
▶ ⊟ Modellparameter			
Höhe	mm	20 mm	20,000000
Extrusionswinkel	grd	0 grd	0,000000
Breite	mm	50 mm	50,000000
Länge	mm	80 mm	80,000000
d12	mm	40,000 mm	40,000000
d13	mm	60 mm	60,000000
d14	mm	10 mm	10,000000
d15	mm	20,000 mm	20,000000
d16	mm	20,000 mm	20,000000
d17	mm	20,000 mm	20,000000
d18	mm	20,000 mm	20,000000
d19	mm	10,000 mm	10,000000
d20	mm	60,000 mm	60,000000
⊟ Benutzerparameter			

Parameterliste mit Festlegung über Maße oben (**9 Parameter** für das Bohrbild) und nach der Optimierung unten (**3 Parameter** für das Bohrbild) über die Abhängigkeiten „**Vertikal**" und „**Symmetrie**" der Bohrungsmittelpunkte:

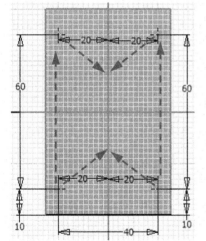

Parameter			
Parametername	Einheit	Gleichung	Nennwert
▶ ⊟ Modellparameter			
Höhe	mm	20 mm	20,000000
Extrusionswinkel	grd	0 grd	0,000000
Breite	mm	50 mm	50,000000
Länge	mm	80 mm	80,000000
d12	mm	40,000 mm	40,000000
d13	mm	60 mm	60,000000
d14	mm	10 mm	10,000000
⊟ Benutzerparameter			

Bohrungsmittelpunkte symmetrisch zur Achse und vertikal übereinander

3.4   Anordnung von Elementen (in Bauteilen und Baugruppen)

Anordnung von Elementen in Bauteilen:

Durch rechteckige bzw. runde Anordnungen lassen sich relativ einfach einmal erzeugte Objekte mehrfach anordnen.

Beispiel Bohrbild:

Grundkörper mit einer Bohrung versehen, „Runde Anordnung" auswählen, Elemente und Drehachse (hier die Z-Achse im Browser oder Bauteil) festlegen, abschließend Anzahl und Winkel hinzufügen (Vorschau beachten):

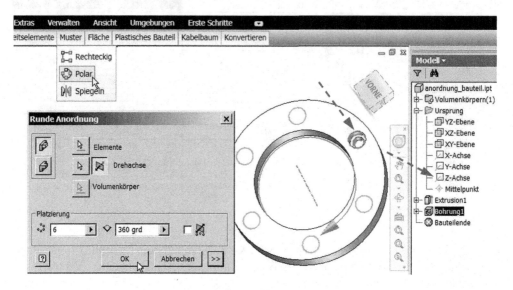

Anordnungen lassen sich auch verschachteln.
Hier eine auf die Mittelebene bezogene Anordnung von drei Bohrungen mit einem Gesamtwinkel von 60°. Danach eine zweite Anordnung der ersten drei Bohrungen:

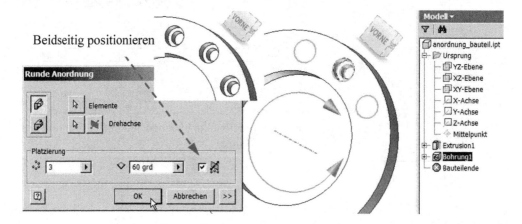

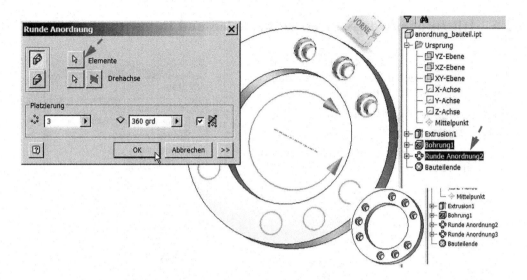

Anordnung von Elementen in Baugruppen:

In Baugruppen erfolgt die Anordnung etwas anders als in Bauteilen. Hier wird **nicht der Gesamtwinkel der Anordnung**, sondern die **Winkeldifferenz** zwischen den Elementen angegeben. Eine Auswahl 6 Elemente unter 360° würde das Objekt sechsmal an der gleichen Stelle positionieren. Deshalb sind hier 6 Elemente unter 60° anzugeben:

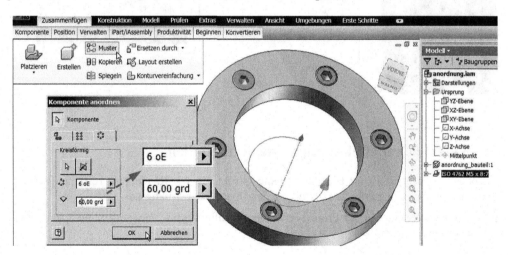

Der Befehl „**Anordnung" benötigt allerdings viel Rechnerleistung**, so dass z. B. das Aufbringen einer Rändelung mit dem Befehl „Runde Anordnung" relativ zeitaufwändig ist. Hier sollte eher mit Texturen bzw. Bildern gearbeitet werden (s. folgend).

3.5   Hinzufügen von Notizen in Bauteilen und Baugruppen

Hier lassen sich zu einzelnen Objekten (Extrusion, Skizzen, usw.) in einem Notizblock Anmerkungen verfassen (RM auf das entsprechende Objekt).

Mit dem Notizblock kann ähnlich wie mit einem Texteditor gearbeitet werden.

Die Notiz wird im Browserfenster und beim Objekt angezeigt.

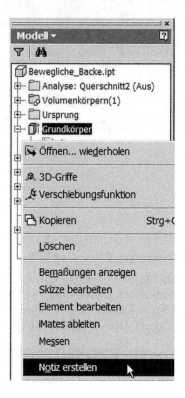

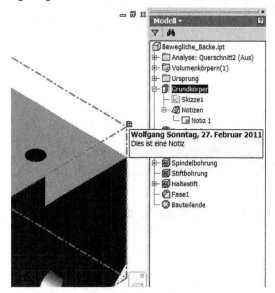

3.6   Oberflächeneffekte mit Bildern darstellen

Wie oben beschrieben, ist die Erzeugung feiner Strukturen wie Rändel sehr rechenaufwendig. Häufig reicht aber eine bildhafte Darstellung der Oberflächenstruktur aus.

Hierfür muss allerdings in der Projektverwaltung „Stilbibliothek verwenden" auf „schreibgeschützt" gesetzt werden.

Beispiel Rändelung:

Hierfür müssen als erstes entsprechende Bilddateien erstellt und z. B. als jpg und im Projekt- oder Bibliotheksverzeichnis (s. u.) abgespeichert werden:

Als nächstes erfolgt im „Stil- und Normen-Editor..." der Bauteil-Datei das Hinzufügen eines entsprechenden Farbstils:

➜ Verwalten – Stil- und Normen – Stil-Editor

Aus einem vorhandenen Farbstil einen Neuen erzeugen:

Umbenennen des neuen Farbstils:

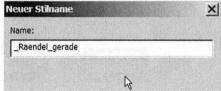

Oberflächenbeschaffenheit „**Auswählen**", „Projektbibliothek" oder „Anwendungsbibliothek" als Quelle (s. u.), Oberflächenauswahl, mit „**OK**" bestätigen, „**Fertig**" und speichern:

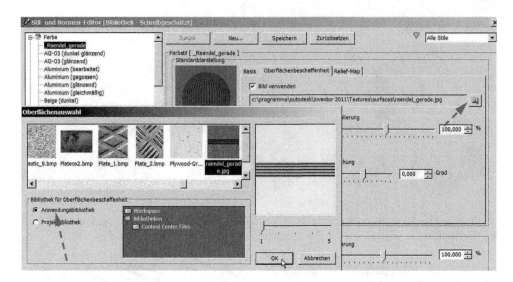

Der so neu erzeugte Stil kann im Weiteren noch angepasst werden; zur dauerhaften Verwendung bietet sich auch hier die Anpassung einer Vorlagendatei z. B. „Norm.ipt" an. Die Speicherung der Grafiken muss dann im Verzeichnis:

C:\Programme\Autodesk\Inventor 2011\Textures\surfaces
erfolgen (**Anwendungsbibliothek als Quelle!**).

Übertragung auf die gewünschte Oberfläche :

➔ Kontextmenü RM auf die Fläche: Eigenschaften, neuen Flächenfarbstil zuweisen

3.7 Text für Prägungen an Kreis/Bogen ausrichten

Für die Erzeugung von Textprägungen lässt sich der Text an Kreisen oder Bögen ausrichten:

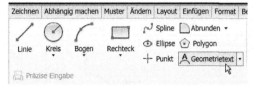

Über die Funktion Geometrietext kann ein Text an Kreise oder Bögen ausgerichtet und danach z. B. für Prägungen verwendet werden.

Dafür ist zuerst ein Kreis/Bogen in der Skizze erforderlich, um danach den Text daran auszurichten:

Der Text lässt sich vielfältig anpassen und danach z. B. als Prägung verwenden:

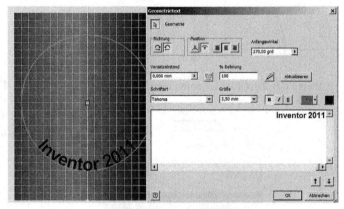

3.8 Erstellen von Halbansichten

Halbansichten lassen sich mit der Option Zuschneiden erzeugen.

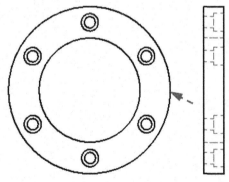

1. Ansichten erstellen und markieren (hier die Vorderansicht).

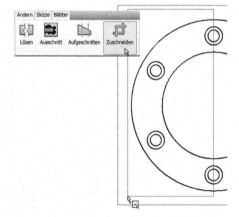

2. Ansicht zuschneiden, dabei z. B. die Bohrungsmittelpunkte als Bezug verwenden.

3. Damit bei späteren Änderungen des Bauteils der Ausschnitt auch weiterhin den gewünschten Bereich dar-
stellt, sollte die Skizze des Zuschnittes mit entsprechenden Abhängigkeiten versehen werden (hier jeweils tangential).

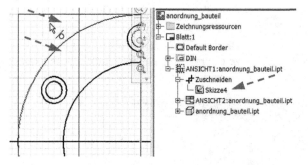

5. Fertige Halbansicht:

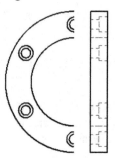

4. Anzeige der Zuschneidekanten deaktivieren:

6. Damit die Seitenansicht im
Schnitt dargestellt wird,
eine Skizze auf den Umriss
legen und eine Ausschnittansicht erzeugen:

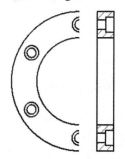

7. Mittellinien abrufen bzw. ergänzen, Lochkreis durch
Ziehen verkleinern und erforderliche Maße hinzufügen:

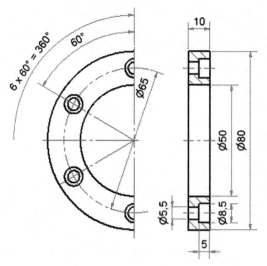

3.9 Geometrien und Schnittkanten projizieren

Durch die Funktionen „**Geometrie bzw. Schnittkanten projizieren**" lassen sich in Skizzen Bezüge zu Elementen herstellen, die bei Zuordnung einer Skizze zu einer Ebene/Fläche nicht erzeugt wurden.

Beispiel Spindel, aktuelle Ebene auf der Spindel:

➜ Skizze – Zeichnen – Geometrie projizieren

Die aktuelle Ebene hat nur Bezüge zu den senkrechten umlaufenden Kanten: **Arbeitsebene auf rechtem Zylinder**.

Alle Kanten und Achsen als Bezugsmöglichkeit hinzugefügt; damit können andere Objekte z. B. die Bohrung darauf bezogen positioniert werden.

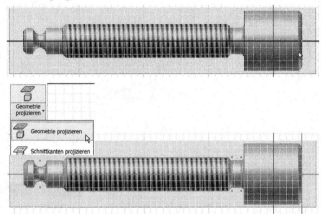

Beispiel Spindel, aktuelle Ebene innerhalb des Werkstückes:

➜ Skizze – Zeichnen – Schnittkanten projizieren

Die aktuelle Ebene hat nur Bezüge zu den senkrechten Kanten: **Skizze auf XY-Ebene innerhalb des Werkstückes**.

Grafiken aufschneiden (**Ansicht – Darstellung – Grafik aufschneiden**, F7) und **Schnittkanten projizieren**, damit stehen alle Schnittkanten als Bezüge zur Verfügung; zusätzlich noch die Achsen hinzufügen.
Die einzelnen Kanten können allerdings auch einzeln über „**Geometrie projizieren**" ausgewählt werden.

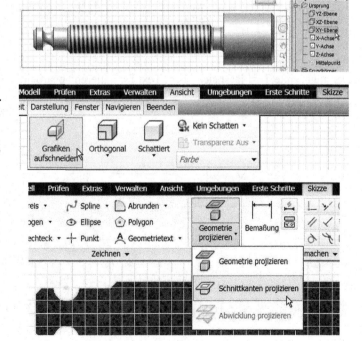

3.10 Schnittangaben und Zeichnungsansichten ausblenden

Schnittverlauf und -bezeichnungen ausblenden:

Definition in Erstansicht und Anzeige der Schnittbezeichnung und -maßstab ausblenden

RM, Ansicht bearbeiten: Definition in Erstansicht deaktivieren:

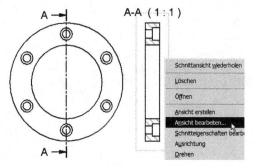

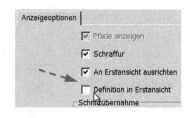

Ergebnis: Sichtbarkeit von Maßstab und Bezeichnung
                                                             ausblenden:

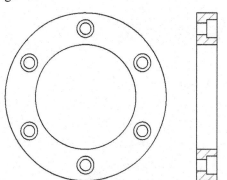

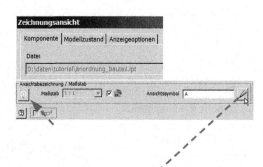

Der angezeigte Text lässt sich über „Text formatieren" bearbeiten:

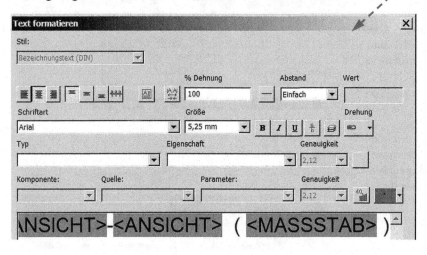

Ansicht ausblenden (Ansicht mit Fenster **innerhalb der Ansichtsbegrenzung** markiert):

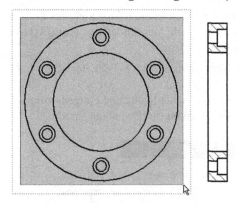

Sichtbarkeit aller Elemente der Ansicht deaktivieren:

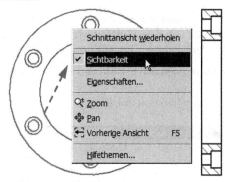

Für das Wiedereinblenden der Ansicht RM auf die ausgeblendete Ansicht (Umgrenzungsrahmen!) „**Verdeckte Kanten anzeigen**":

Die angezeigten verdeckten Kanten **innerhalb** des Umgrenzungsrahmens markieren und mit „**Fertig**" bestätigen:

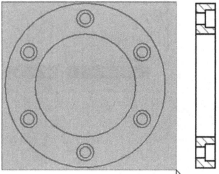

3.11 Bemaßungsoptionen in der Zeichnungsableitung

Beim Bemaßen und durch nachträgliches Anpassen der Eigenschaften lässt sich das Erscheinungsbild der Bemaßung noch vielfältig beeinflussen. Auch hier findet das **Kontextmenü (RM)** Anwendung. Dazu folgend einige (unvollständige) Beispiele:

Bemaßungsoptionen während der Bemaßung: (Kontextmenü (RM) bei der Bemaßung)

Bemaßungsfunktion aufrufen:

Bemaßungstyp (RM) festlegen:

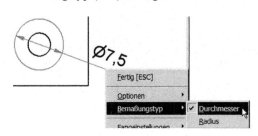

RM, auf Zeichenfläche und Fangeinstellungen überprüfen (im Bemaßungsmodus):

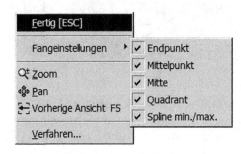

Lage der Pfeilspitzen (RM-Optionen) festlegen:

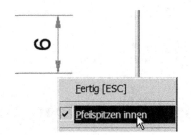

Führungslinie (RM) zuweisen:

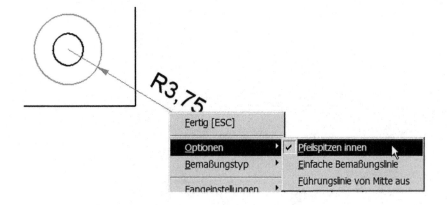

Nachträgliches Anpassen der Bemaßung: Kontextmenü (RM) auf die fertiggestellte Bemaßung

Bemaßungsaussehen anpassen und Symbole hinzufügen:

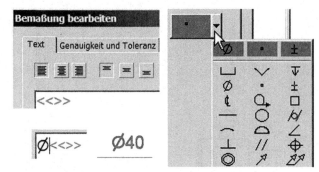

Texteditor aufrufen:

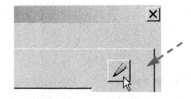

Vorgabewert durch beliebigen
Wert ersetzen (Bemaßungswert
ausblenden):

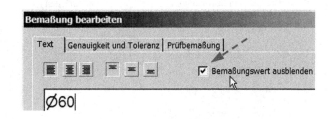

Toleranzangaben hinzufügen
(nicht gewünschter Wert
„k.A."):

3.12 Objektauswahl

Objekte lassen sich einzeln, mehrfach und über Fenster auswählen.

Auswahl durch Mausklick:

Mehrfachauswahl durch Mausklick und gedrückter Shift- bzw. Strg.-Taste:

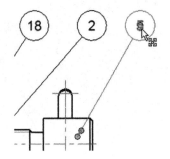

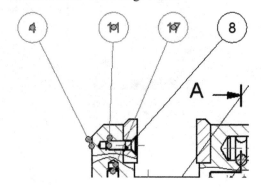

Auswahl durch **Fenster von links nach rechts** (nur die vollständig vom Fenster erfassten Objekte werden ausgewählt):

Auswahl durch Fenster von rechts nach links (alle vom Fenster berührten Objekte werden erfasst):

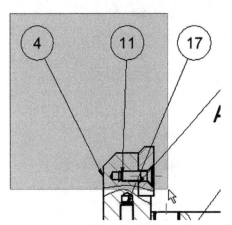

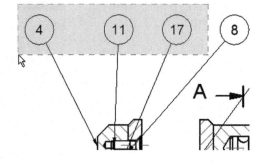

A Anhang

Im Anhang finden Sie die notwendigen Zeichnungsunterlagen für die Erstellung des Gesamtprojektes, die Möglichkeit eigene Notizen zu verfassen und das Sachwortverzeichnis.

A1 Zeichnungen

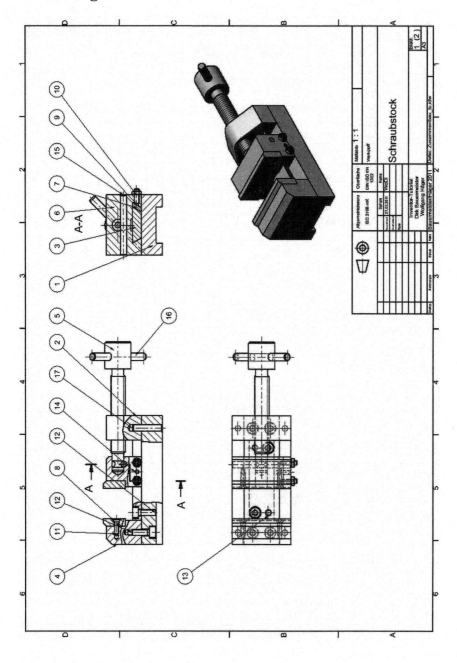

Stückliste				
Pos	Menge	Benennung	Sachnr./Normbez.	Bem./Werkstoff
1	1	Grundplatte		S 235 JR
2	1	Spindellager		S 235 JR
3	1	Führungsplatte		S 235 JR
4	1	Feste Backe		S 235 JR
5	1	Spindel		10 S20 +C
6	1	Bewegliche Backe		S 235 JR
7	1	Stell-Leiste		Cu Zn 28
8	2	Druckstück		C 45
9	2	Innensechskant-Gewindestift e mit Kegelstumpf	ISO 4026 - M3 x 10	8.8
10	2	Sechskantmuttern, Typ 1 - Produktklasse A und B	ISO 4032 - M3	8
11	4	Innensechskantschraube mit Senkkopf - 1 - Produktklasse A	ISO 10642 - M3 x 10	8.8
12	6	Innensechskantschraube	ISO 4762 - M4 x 12	8.8
13	2	Zylinderstift	ISO 2338 - 4 m6 x 16 - A	St
14	1	Zylinderstift	ISO 2338 - 2,5 m6 x 6 - A	St
15	1	Zylinderstift	ISO 2338 - 4 m6 x 40 - A	St
16	1	Zylinderstift	ISO 2338 - 5 m6 x 50 - A	St
17	4	Zylinderstift	ISO 2338 - 4 m6 x 20 - A	St

			Allgemeintoleranz	Oberfläche	Maßstab		
			ISO 2768-mK	DIN ISO EN 1302	Werkstoff		
			Datum	Name			
		Gezeichnet	27.02.2011	WoDi		**Stückliste Schraubstock**	
		Kontrolliert					
		Norm					
			Inventor-Tutorial Dirk Bauermeister Wolfgang Häger				Blatt: 2 (2) A4
Status	Änderungen	Datum	Name	Bauermeister/Häger 2011	Datei: Zusammenbau_tu.idw		

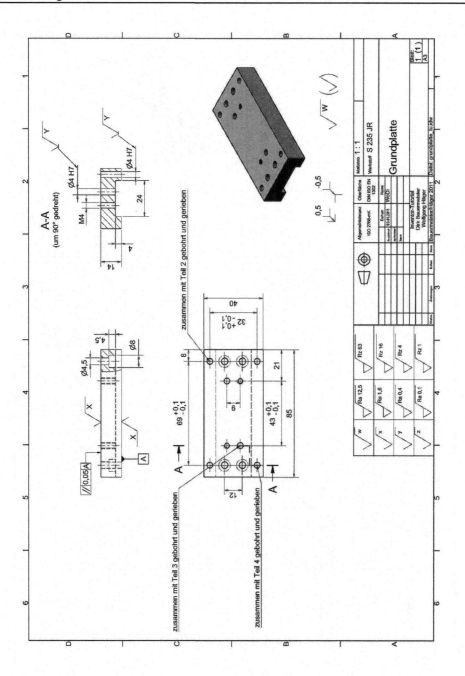

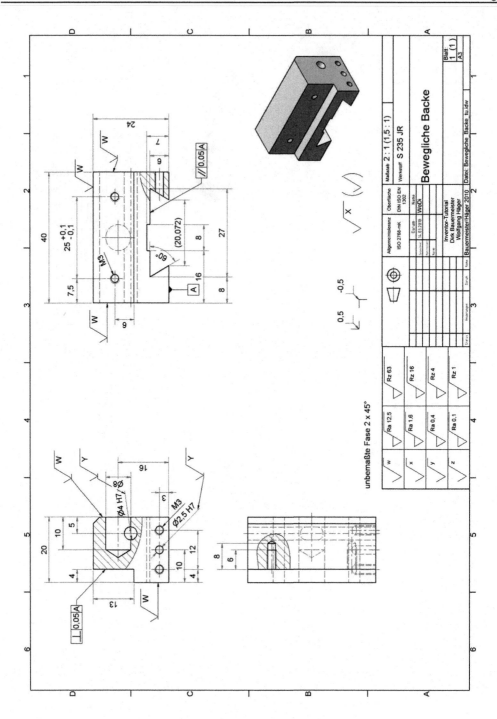

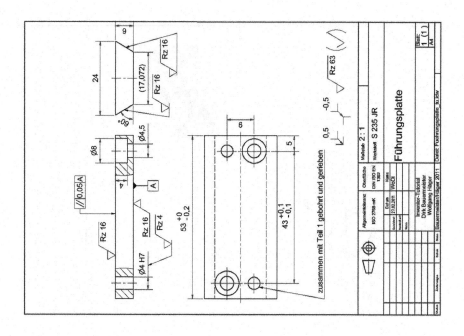

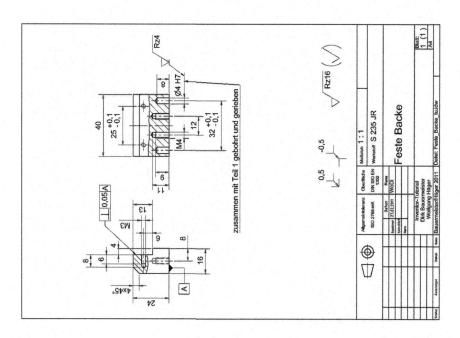

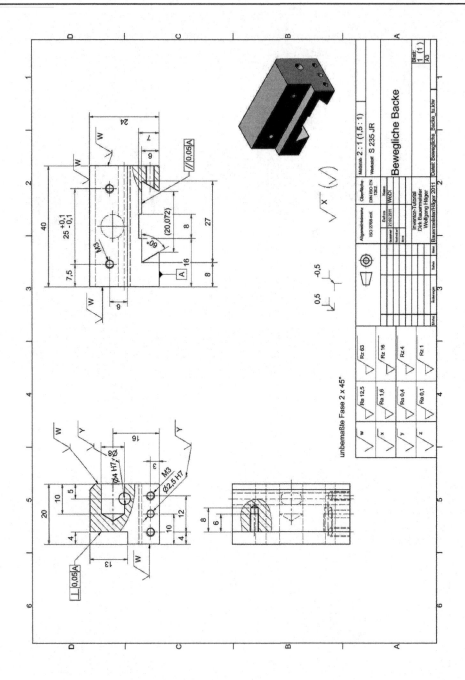

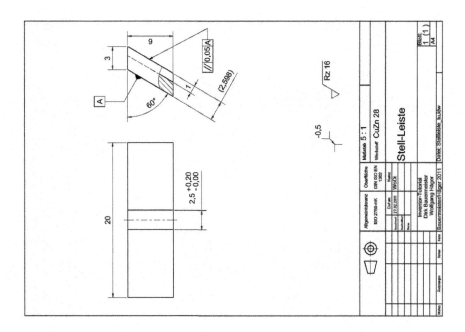

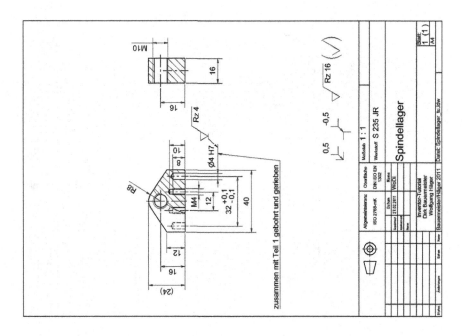

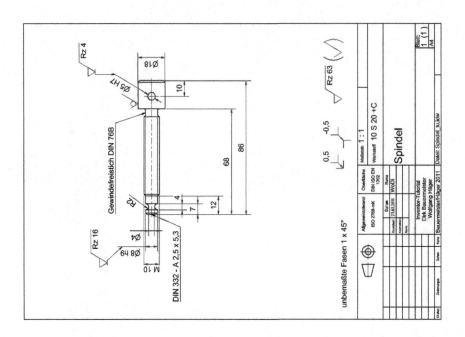

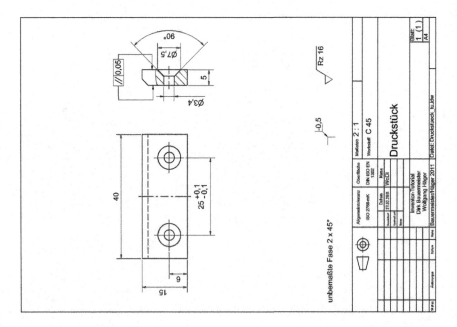

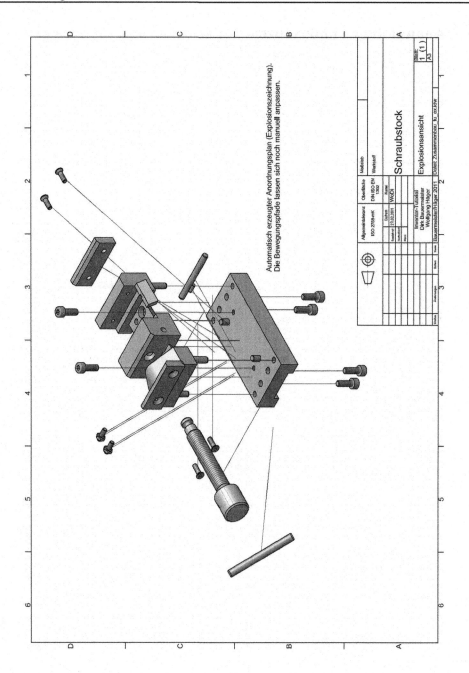

Automatisch erzeugter Anordnungsplan (Explosionszeichnung).
Die Bewegungspfade lassen sich noch manuell anpassen.

Schraubstock

Explosionsansicht

Inventor-Tutorial
Dirk Bauermeister
Wolfgang Häger

Datei: Zusammenbau_fu_ex.idw

Blatt:
1 (1)

A3

A2   Anmerkungen und Notizen

....

....

....

....

....

....

....

....

....

....

....

....

....

....

....

....

....

....

....

....

....

A3 Sachwortverzeichnis